普通高等教育工程训练通识课程系列教材

现代制造工程技术实践
实训指导与实训报告

主　　编　　胡忠举　　宋昭祥

副 主 编　　康辉民　　吴克军

参　　编　　陈向健　　刘　平　　陈哲吾　　李慧娟

主　　审　　胡小平　　陆名彰

机 械 工 业 出 版 社

本书是根据教育部工程训练教学指导委员会制定的教学基本要求，并结合高等学校实际情况编写而成的。

全书分为上、下篇共 37 个实训项目和 65 个实习报告。上篇为实训指导，主要内容有车工、铣工、刨工、磨工、钳工、铸造、锻压、焊接、数控铣床、数控加工中心、数控车床、数控电火花切割机床、激光内雕刻机、熔融堆积成型技术等的操作基本技能训练和金属材料的组织显微分析及硬度测定实验、制品内部缺陷测试实验、零件形位误差测量实验、便携式三坐标测量仪（无触点式）测试实验等的操作基本技能训练，共 37 个实训项目。下篇为铸造、锻压、焊接、热处理、车削、铣削、刨削、磨削、钻镗削加工、钳工、装配、数控特种加工、CAD/CAM、3D 打印、综合创新设计与制作的实训报告，共 65 个。本书可作为高等学校机械工程类、近机械工程类、非机械工程类和理工类各专业的本科教材，也可供职业大学、电视大学、成人高等教育、函授大学、夜大学等相关专业选用。

图书在版编目（CIP）数据

现代制造工程技术实践·实训指导与实训报告/胡忠举，宋昭祥主编. —北京：机械工业出版社，2017.12（2023.1 重印）

普通高等教育工程训练通识课程系列教材

ISBN 978-7-111-58752-1

Ⅰ.①现… Ⅱ.①胡… ②宋… Ⅲ.①机械制造工艺-高等学校-教材 Ⅳ.①TH16

中国版本图书馆 CIP 数据核字（2018）第 014936 号

机械工业出版社（北京市百万庄大街 22 号　邮政编码 100037）

策划编辑：丁昕祯　责任编辑：丁昕祯　余　皞
责任校对：樊钟英　封面设计：张　静
责任印制：任维东

北京圣夫亚美印刷有限公司印刷

2023 年 1 月第 1 版第 7 次印刷

184mm×260mm·10.5 印张·250 千字

标准书号：ISBN 978-7-111-58752-1

定价：25.00 元

电话服务　　　　　　　　　　网络服务

客服电话：010-88361066　　机 工 官 网：www.cmpbook.com
　　　　　010-88379833　　机 工 官 博：weibo.com/cmp1952
　　　　　010-68326294　　金 书 网：www.golden-book.com

封底无防伪标均为盗版　机工教育服务网：www.cmpedu.com

前 言

现代制造工程技术实践是高等学校理工科专业及经管类有关专业的一门重要的技术基础实践类课程。为了加强现代制造工程技术实践教学过程管理，使教学过程中的基本技能训练的教学规范化，提高现代制造工程技术实践的教学质量，根据教育部工程训练教学指导委员会制订的本科"工程训练"教学基本要求，设计编写了本书，作为本科工程训练教学的辅助教材。

本书由实训指导与实训报告两部分构成。实训指导侧重基本技能训练指导，主要包括安全操作规程，操作步骤及注意事项，所用工、量、刀、夹、模具和实验仪器的操作使用；实训报告是为了帮助学生掌握基本技能和基础知识，内容包括：每个工种的实训过程、综合工艺实训及综合创新设计与制作训练过程中要完成的实训作业。

实训报告中，带＊号和#号的内容，非机类各专业实训时可以不布置；带#号的内容，近机类各专业和机类各专业的传统加工工艺实训时可以不布置。

本书由胡忠举、宋昭祥、康辉民、吴克军、陈向健、刘平、陈哲吾、李慧娟等编写，胡忠举、宋昭祥任主编。

本书由胡小平、陆名彰教授任主审并提出了很多宝贵意见，在编写过程中，参考了大量相关教材、手册、资料，并得到众多同行的支持和帮助，在此一并表示衷心感谢。

由于作者水平有限，书中难免有错误和不足之处，敬请广大读者批评指正。

编　者

目　　录

上篇

实训指导

一、车工操作指导

1. 车工安全操作规程

① 必须穿戴好防护用品，扣好衣扣，扎好袖口，衣着整齐。女同学不允许穿裙子，发辫要扎入工作帽内。

② 起动车床前，先给各注油部位加油，检查卡盘扳手是否取下，操作手柄位置是否正确，工件、刀具是否夹紧夹牢。

③ 不允许戴手套操作，不允许用手摸运动的工件和刀具，不允许用棉纱擦拭运动工件，停车时不得用手制动卡盘。

④ 先进行空车练习。空车练习时，刀架应远离卡盘。在加工操作过程中不允许车刀顶住工件起动，以免弄坏刀具、损坏车床。

⑤ 车削时车刀架应调整到合适位置，以防车刀架导轨碰撞卡盘。

⑥ 变换车床主轴速度时必须停车，以防损坏车床。

⑦ 自动纵向或横向进给时，严禁大、中滑板超过极限位置。

⑧ 停车后，不允许用手清理铁屑或触摸不光滑的工件表面，以免划伤手。

⑨ 测量尺寸时，必须等车床完全停止后，再进行测量。

⑩ 若两人或两人以上在同一车床实训，只能轮换操作，不能同时操作。

⑪ 操作时只能在指定的机床进行操作，不能随便更换车床。车床在运行时操作人员不允许离开车床，如发现异常状况，立即断电停机，马上报告，及时检查。

2. 车工基本技能训练过程卡——双手控制法加工

目的与要求

初步掌握车削操作,双手配合协调并熟悉各开关位置,要求圆球形状正确,表面光洁。

作业名称	双手控制法加工	零件名称	球头杆	数　量	1件
毛坯及半成品	坯料 φ30mm×230mm	材　　料	HT150	计划工时	1h

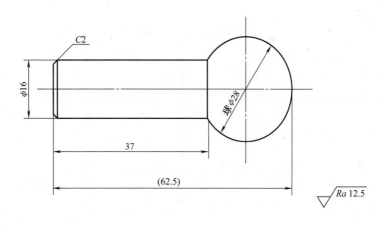

序号	操作步骤及注意事项	设备,工、量、刀、夹、模具
1 2 3	下料,φ30mm×65mm。 夹持一端,夹持长度为25mm,夹紧,平端面,将外径车削至φ16mm,长度为37mm,倒角C2。 掉头,夹持φ16mm处,夹持长度为25mm,夹紧,平端面,保证总长62.5mm,采用双手控制法,车削球面成形。	CW6136车床,90°偏刀,45°偏刀,尖刀,钢直尺(0~200mm),游标卡尺(0~125mm,分度值0.02mm)

3. 车工基本技能训练过程卡——轴类车削练习一

目的与要求					
基本掌握外圆车削操作,熟悉和掌握各种外圆车刀、量具的使用方法,要求几何形状、尺寸符合图样要求。					

作业名称	轴类车削练习一	零件名称	拉伸试件(粗加工)	数 量	1件
毛坯及半成品	坯料 φ30mm×230mm	材 料	Q235 或 HT200	计划工时	5.5h

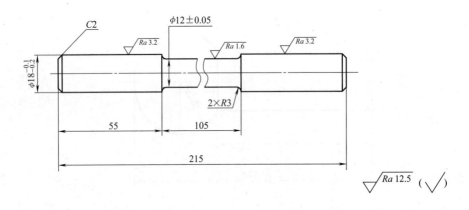

序号	操作步骤及注意事项	设备,工、量、刀、夹、模具
1	夹持一端,留 100mm 加工长度,平端面,钻中心孔,车削 φ28mm×90mm 并倒角 C2。	CW6136 车床,45°偏刀,90°偏刀,圆弧刀(R3),中心钻60°A2.5,钢直尺(0~200mm),游标卡尺(0~125mm,分度值0.02mm)
2	掉头,夹持 φ28mm 处,夹持长度 90mm,夹紧;平端面,保证总长 215mm,钻中心孔,再倒角 C2。	
3	夹持 φ28mm 处,夹持长度 20mm,顶上活顶尖,夹紧,将外径分别车削至 $\phi28_{-0.2}^{-0.1}$mm,$\phi26_{-0.2}^{-0.1}$mm…,$\phi18_{-0.2}^{-0.1}$mm,长度均为155mm,然后倒角 C2。	
4	掉头,夹持 $\phi18_{-0.2}^{-0.1}$mm 处,夹持长度为 20mm。顶上活顶尖,夹紧,将外径分别车削至 $\phi26_{-0.2}^{-0.1}$mm,$\phi24_{-0.2}^{-0.1}$mm,…$\phi18_{-0.2}^{-0.1}$mm,长度均为60mm,然后倒角 C2。	
5	用两顶尖装夹,车削中部长度为 105mm 处,依次将外径车至 φ16±0.05mm,φ14±0.05mm,φ12±0.05mm,该长度段两端车出 R3 圆弧,达到图样尺寸要求。	

4. 车工基本技能训练过程卡——轴类车削练习二

目的与要求	

基本掌握外圆车削操作,熟悉和掌握各种外圆车刀、量具的使用方法,要求几何形状、尺寸符合图样要求。

作业名称	轴类车削练习二	零件名称	扭转试件(粗加工)	数 量	1件
毛坯及半成品	坯料 $\phi30mm\times230mm$	材 料	Q235 或 HT200	计划工时	5.5h

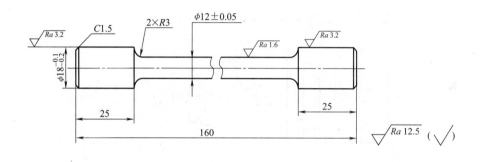

序号	操作步骤及注意事项	设备,工、量、刀、夹、模具
1	夹持一端,留 90mm 加工长度,夹紧,平端面,钻中心孔,车削 $\phi28mm\times80mm$,并倒角 $C1.5$。	CW6136 车床,45° 偏刀,90° 偏刀,圆弧刀($R3$),中心钻 60° A2.5,钢直尺(0 ~ 200mm),游标卡尺(0 ~ 125mm,分度值 0.02mm)
2	掉头,夹持 $\phi28mm$ 处,夹持长度 80mm,夹紧;平端面,切断,保证总长 160mm,钻中心孔,并倒角 $C1.5$。	
3	夹持 $\phi28mm$ 处,夹持长度 20mm,顶上活顶尖,夹紧,将外径依次车削至 $\phi28_{-0.2}^{-0.1}mm$,$\phi26_{-0.2}^{-0.1}mm$,$\cdots\phi18_{-0.2}^{-0.1}mm$,长度均为 135mm,然后倒角 $C1.5$。	
4	掉头,夹持 $\phi18_{-0.2}^{-0.1}mm$ 处,夹持长度为 20mm,顶上活顶尖,夹紧,将外径依次车削至 $\phi26_{-0.2}^{-0.1}mm$,$\phi24_{-0.2}^{-0.1}mm$,$\cdots$ $\phi18_{-0.2}^{-0.1}mm$,长度均为 25mm,然后倒角 $C1.5$。	
5	用两顶尖装夹,车削中部长度为 110mm 处,依次将外径车削至 $\phi16\pm0.05mm$,$\phi14\pm0.05mm$,$\phi12\pm0.05mm$,该长度段两端分别车出 $R3$ 圆弧,达到图样尺寸要求。	

5. 车工基本技能训练过程卡——锥度车削练习

目的与要求					

练习小刀架转位法车削锥度。
要求尺寸,特别是锥度应符合要求。

作业名称	锥度车削练习	零件名称	标准螺栓粗车件	数 量	4件
毛坯及半成品	坯料 φ35mm×78mm	材 料	45钢	计划工时	3h

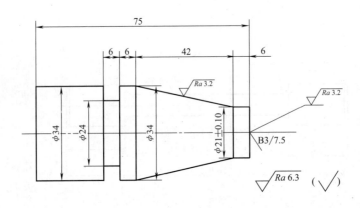

序号	操 作 步 骤 及 注 意 事 项	设备,工、量、刀、夹、模具
1	夹持棒料,留加工长度35mm,平端面。	CW6136车床,90°偏刀,45°偏刀,
2	掉头,夹持棒料,留加工长度15mm,平端面,保证总长75mm,钻中心孔B3/7.5。	切槽刀(6),中心钻(B3/7.5),钢尺(0~200mm),万能角度尺,游标卡尺(0~125mm,分度值0.02mm)
3	夹持无中心孔端,夹持长度12mm,顶上活顶尖,夹紧,车削外圆φ34mm×60mm,φ21mm×6mm,于距中心孔端60mm处切槽φ24mm×6mm,(槽宽6mm在距中心孔端60mm之内)。	掉头,夹紧φ34台阶,车削外圆φ34mm×15mm。
4	调整小刀架、车刀,车削锥度段,锥度为 $\alpha = 8°48'$,大头 $D=\phi34mm$,$(L=42mm)$,小头 $d=\phi21mm$。	
5	分别车削 φ21mm×7mm,φ21mm×8mm,φ21mm×9mm,φ21mm×10mm,φ21mm×11mm,φ21mm×12mm 段,每次均按同样的锥度 $a=8°48'$ 依次车削锥面,大头依次由 φ34mm×42mm 逐渐减少至 φ34mm×0mm。	
6	掉头,夹紧φ34台阶,车削外圆φ34mm×15mm。	

6. 车工基本技能训练过程卡——螺纹车削练习一

目的与要求					
练习螺纹的车削,使操作灵活,动作协调, 尺寸符合精度要求,螺纹光整,无烂牙。					

作业名称	螺纹车削练习一	零件名称	螺杆	数　量	1件
毛坯及半成品	坯料 φ32mm×100mm	材　料	HT150	计划工时	1h

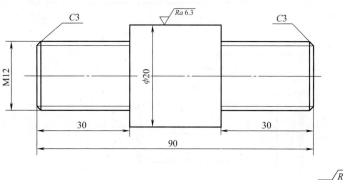

序号	操作步骤及注意事项	设备,工、量、刀、夹、模具
1	夹持棒料,留加工长度35mm,夹紧,平端面,钻中心孔,车削外径至 $\phi20^{-0.20}_{-0.26}$mm,长度为30mm。	CW6136车床,45°偏刀,90°偏刀,中心钻(60°A2.5),螺纹车刀,切断刀,游标卡尺(0~125mm,分度值0.02mm),标准普通螺母一套(M30、M24、M20、M16、M12各1件)
2	掉头,留加工长度15mm,夹紧,平端面,保证长度90mm,钻中心孔。	
3	夹持 $\phi20^{-0.20}_{-0.26}$mm处,夹持长度22mm,顶上活顶尖,夹紧,然后按照下表规定,依次将外径车削至要求尺寸,长度为60mm,再车外螺纹,长度为30mm。	

1	2	3	4	5
$\phi30^{-0.20}_{-0.26}$	$\phi24^{-0.20}_{-0.28}$	$\phi20^{-0.20}_{-0.26}$	$\phi16^{-0.20}_{-0.26}$	$\phi12^{-0.20}_{-0.26}$
M30	M24	M20	M16	M12

序号	操作步骤及注意事项
4	掉头,夹持中部 $\phi20^{-0.20}_{-0.26}$mm光杆处,顶上顶尖,夹紧,先车外螺纹M20,再按下表规定,将端部长度30mm处外径车削至要求尺寸,再车外螺纹,车削M12后,端部应倒角为C3。

1	2
$\phi16^{-0.20}_{-0.26}$mm	$\phi12^{-0.20}_{-0.26}$mm
M16	M12

7. 车工基本技能训练过程卡——螺纹车削练习二

目的与要求					
进一步熟悉和掌握各种工具、量具的使用方法,学会螺纹的车削操作加工,尺寸应符合精度要求,几何形状正确,螺纹不得有明显缺陷,能顺利通过标准螺母。					

作业名称	螺纹车削练习二	零件名称	门吊标准螺栓	数　量	4件
毛坯及半成品	$\phi35mm \times 80mm$ 圆钢	材　料	45钢	计划工时	5.5h

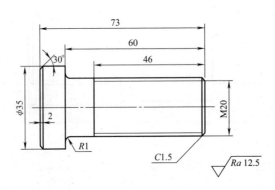

序号	操作步骤及注意事项	设备,工、量、刀、夹、模具
1	夹持 $\phi35mm$ 一端,夹持长度 10mm,平 $\phi35mm$ 一端端面,保证总长 74mm,倒角 $C2$。	CW6136 车床,90°偏刀,45°偏刀,螺纹车刀,对刀板,钢直尺(0~200mm),游标卡尺(0~125mm,分度值 0.02mm),标准 M20 螺母
2	顶上活顶尖,夹紧,将外径车削至 $\phi20_{-0.20}^{\ 0}$mm,长度为 60mm,倒角 $C1.5$。	
3	车削螺纹 M20,长度为 46mm,(应正确调速换档,合上对开螺母,注意车螺纹的步骤,当车削将至行程终了时,应做好退刀停车准备,先快速退出车刀,然后停车。车削时应加机油润滑)。	
4	掉头,夹持 $\phi20mm$ 外圆,平 $\phi35mm$ 外圆端面,保持总长 73mm,倒角 $C2$。	

8．车工基本技能训练过程卡——钻孔、车孔练习

目的与要求					
练习在车床上钻孔和进行镗孔的车削。					

作业名称	钻孔、车孔练习		零件名称	M36 六角薄螺母毛坯	数　量	2 件
毛坯及半成品	φ65mm×20mm 圆钢		材　料	Q235A	计划工时	6h

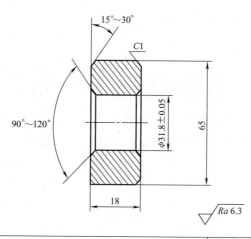

序号	操作步骤及注意事项	设备,工、量、刀、夹、模具
1	夹持一端,夹持长度 15mm,校正,夹紧,平端面。	CW6136 车床,90°偏刀,45°偏刀,
2	掉头,夹持长度 15mm,校正,夹紧,平端面,保证厚度 18mm。	φ20mm 钻头,内圆车刀,游标卡尺(0~125mm,分度值 0.02mm)
3	用 φ20mm 钻头,钻通孔 φ20mm。	
4	依次用内圆车刀车削内孔,φ22±0.1mm,φ24±0.1mm,φ26±0.1mm,φ28±0.1mm,φ30±0.1mm,φ31.8±0.05mm,保证尺寸。	

9. 车工基本技能训练过程卡——车削综合练习

目的与要求

用棒料车削制作小榔头手柄。

作业名称	车削综合练习	零件名称	小榔头手柄	数　量	1件
毛坯及半成品	坯料 $\phi16mm\times186mm$	材　料	Q235A 或 45 钢	计划工时	5h

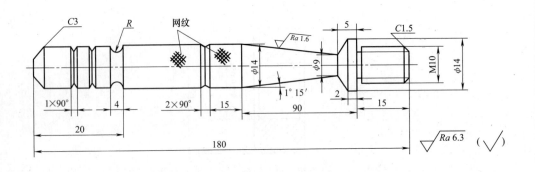

序号	操作步骤及注意事项	设备,工、量、刀、夹、模具
1	夹持一端,留 100mm 加工长度,夹紧,平端面,钻中心孔,车削 $\phi15mm\times90mm$,并倒角 $C1.5$。	CW6136 车床,45°偏刀,90°偏刀,圆弧刀($R3$),螺纹刀,切槽刀(2)中心钻 60°A2.5,钢直尺(0~200mm),游标卡尺(0~125mm,分度值 0.02mm)
2	掉头,夹持 $\phi15mm$ 处,夹持长度 90mm,夹紧;平端面,切断。保证总长 180mm,钻中心孔,并倒角 $C1.5$。	
3	夹持 $\phi15mm$ 处,夹持长度 100mm,顶上活顶尖,夹紧,将外径依次车削至 $\phi14^{-0.1}_{-0.2}mm$,切槽 $2\times90°$,2-$1\times90°$,圆弧槽,倒角 $C3$;然后滚花。	
4	掉头,夹持 $\phi14^{-0.1}_{-0.2}mm$ 处,夹持长度为 65mm,顶上活顶尖,夹紧,将外径车削至 $\phi14^{-0.1}_{-0.2}mm$,车削锥面,锥面台阶,切螺纹退刀槽 2×2,车削螺纹 $M10$,长度为 15mm,然后倒角 $C1.5$。	

二、铣工操作指导

1. 铣工实训安全操作规程

① 必须穿戴好防护用品，扣好衣扣，扎好袖口，衣着整齐。女同学不允许穿裙子，发辫要扎入工作帽内。

② 开机前，首先检查各运动部件是否灵活，油路是否畅通，变速手柄是否在要求位置，工件和刀具是否夹紧，检查限位器是否可靠。纵向快速移动时，应将手轮与离合器脱开，并注意不得超过规定行程。快速自动进给时，要先调好行程限位块，不允许打开电器箱。

③ 不允许在工作台面上放物件和校正工件时敲打。拆装铣刀时，应用棉纱将刀刃缠好，并擦净刀杆、刀套，禁止用铁锤敲打。

④ 加工工件的尺寸不允许超过机床允许的加工范围。

⑤ 不允许戴手套操作，不允许用手摸运动的工件和刀具，不允许隔着转动的刀具传递物件，不允许用棉纱擦拭运动工件。

⑥ 在使用工作台纵向工作时，应将横向和垂直方向的紧固螺钉拧紧，在使用横向工作台时，也应将纵向和垂直方向的紧固螺钉拧紧，避免工作台振动。

⑦ 严禁在铣削过程中变换速度，对刀时一律用手动操作。

⑧ 铣削带键槽的轴和薄件时，注意铣刀不能伤及分度头和工作台面。

⑨ 铣削过程中，刀具进给运动未脱开时不得停车。

⑩ 不允许在铣刀切入工件的情况下开车或停车，高速铣削应戴防护眼镜。快速进给时，刀具应离工件 50mm 处停止，再用手动靠近。

⑪ 测量尺寸时，必须等铣床完全停止后，再进行测量。

⑫ 操作时不能离开机床，如发现异常现象，立即断电停机，马上报告，及时检查。

2. 铣工基本技能训练过程卡——铣平面、分度练习

目的与要求

熟悉铣床的操作方法,掌握铣削平面和简单分度的方法,按图样加工,达到图样要求。

作业名称	铣平面、分度练习	零件名称	M36(或 M30)螺母	数 量	1 件
毛坯及半成品	用车工已加工好内孔的螺母坯料	材 料	45 钢	计划工时	1.5～2h

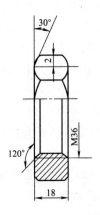
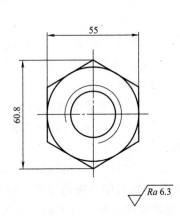

$\sqrt{}$ Ra 6.3

序号	操作步骤及注意事项	设备,工、量、刀、夹、模具
1 2 3 4	用分头度、尾座、心轴装夹工件,装 φ25mm 立铣刀。 计算好加工余量,用刀尖接触圆柱面校刀,确定走刀次数和进给量,加工第一个平面。 $n = \dfrac{40}{6} = 6\,\dfrac{4}{6} = 6\,\dfrac{16}{24}$,分度头转 6 圈,再转过 16 个孔(选用孔圈为 24 的分度盘)铣第二个平面。 按以上方法依次铣第三、第四、第五、第六平面。	X6136 万能卧式铣床(或工具铣床),分度头,心轴,尾座 φ25mm 立铣刀,游标卡尺(0～125mm,最小分度值 0.02mm)

三、刨工操作指导

1. 刨工安全操作规程

① 必须穿戴好防护用品，扣好衣扣，扎好袖口，衣着整齐。女同学不允许穿裙子，发辫要扎入工作帽内。

② 要合理调整工作台高度，调整前，支架及滑座的压板螺钉要松开，调整后，要逐个拧紧。刀具安装要合理，伸出部位尽量短些。

③ 工件必须夹紧，校正时用铜锤轻轻敲打。

④ 机床起动前，滑枕的锁紧手柄要旋紧。

⑤ 滑枕运动时不允许变换行程、速度和刨削量。测量工件尺寸时，先停车后测量。

⑥ 不允许戴手套操作，不允许用手摸运动的刀具，不允许用棉纱擦拭运动工件。

⑦ 经常检查滑枕的松紧程度，并随时调整，防止掉刀。当刀架滑板紧固螺钉未松开时，不得强制移动。

⑧ 慢速对刀进给，注意距离，避免突然碰撞。

⑨ 切削时，刀具未退出工件前，不得停车。

⑩ 操作时不允许离开机床，如发现异常现象，立即断电停机，马上报告，及时检查。

⑪ 上下移动工作面时，必须先松开工作台底面支架的手柄与螺帽，工作台位置固定后立即旋紧，若快速运动应取下曲柄摇杆。

⑫ 工作台面不允许放置工具、量具和其他物品。

2. 刨工基本技能训练过程卡——平面刨削练习

目的与要求					

熟悉刨床的操作方法,掌握平面刨削的加工方法,按图样加工锤子,使之达到所要求的加工精度和表面粗糙度。

作业名称	平面刨削练习	零件名称	锤子坯料	数　量	1件
毛坯及半成品	22mm×22mm×105mm 锻件	材　料	45 钢	计划工时	2h

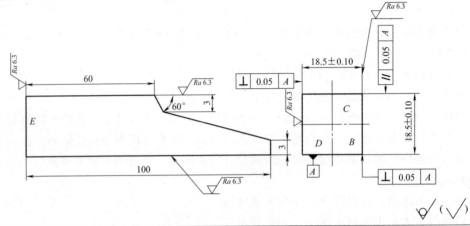

序号	操作步骤及注意事项	设备,工、量、刀、夹、模具
1 2 3 4 5 6	划线找正,保证 A、B、C、D 各面均有适当的加工余量; 　将工件夹持在平口钳内夹紧,按划线找正,刨削基准面 A; 　将工件夹持在平面钳内,使 A 面紧贴固定钳口,按划线找正,刨削平面 B; 　将工件夹持在平口钳内,使 B 面紧贴固定钳口,A 面紧贴平行垫铁,刨削平面 C,保证尺寸 18.5mm±0.10mm; 　将工件夹持在平口钳内,使 A 面紧贴固定钳口,B 面紧贴平行垫铁,刨削平面 D,保证尺寸 18.5mm±0.10mm; 　将固定钳口调整至与刀具行程方向垂直,将工件夹持在平口钳内,使 B 面紧贴固定钳口,A 面紧贴平行垫铁,端面 E 露出平口钳,按划线刨削端面 E,然后掉头,按同样装夹方法,使端面 F 露出平口钳,刨削端面 F,保证尺寸 100mm。 　注意事项: 　1. 在平口钳内装夹工件时,应在平口钳内放置平行垫铁,以支撑工件; 　2. 除刨削基准面 A 以外,在刨削其他各面时,均应在活动钳口与工件之间垫一根小圆棒,使夹紧力集中在钳口中部,以利于精基准面与固定钳口可靠贴紧; 　3. 在刨削平面 C、D、E、F 之前,既应使一个基准面贴紧固定钳口,然后用锤子轻轻敲打工件,使另一个基准面贴紧平行垫铁; 　4. 如经检验,锻坯形状及尺寸精度均符合要求,可不经划线找正,直接按上述操作步骤进行刨削加工,但在刨削 A、B、E 各面时,应注意为相对应的 C、D、F 各面留出适当的加工余量。	B6065 牛头刨床,平面刨刀,刨垂直面偏刀,平口钳,平行垫铁,φ10mm 圆钢,游标卡尺(0～125mm,最小分度值 0.02mm),宽座角尺(63mm,3 级)、其他有关划线工具。

四、磨工操作指导

1. 磨工安全操作规程

① 必须穿戴好防护用品，扣好衣扣，扎好袖口，衣着整齐。女同学不允许穿裙子，发辫要扎入工作帽内。

② 起动磨床前，应将液压传动手柄放在"停止"位置，调节速度手柄放在"最低"位置，砂轮快速移动手柄放在"后退"位置，以防开车时突然碰撞。

③ 停机 8h 以上再起动时，要空运转 3～5min，确认润滑系统畅通，再开始磨削，磨削进给量慢慢加大，不可突然增大，以防损坏砂轮。

④ 安装砂轮要检查无裂纹，须进行静平衡，修正后再次平衡，在有防护罩的情况下试车 2～3min 后再正常工作。

⑤ 工作台面不得放量具和其他物件。

⑥ 加工前必须按工件的长度调整换向撞块的位置并紧固。

⑦ 磨削时须在砂轮和工件都起动后再进刀，退刀后再停车，磨床运转时不得清扫机床。

⑧ 测量工件尺寸时，必须将砂轮退离工件并停机，再进行测量。

⑨ 电磁吸盘的整流器应在通电 5min 后再使用，电磁吸盘吸附工件时，检查吸附牢固后再磨削。

⑩ 砂轮接近工件时，用手动进给。砂轮未离开工件时，不准中途停机。

⑪ 操作时不能离开机床，如发现异常现象，立即断电停机，马上报告，及时检查。

⑫ 若两人或两人以上在同一机床实训，只能轮换操作，不能同时操作。

⑬ 严禁敲打工作台面及电磁吸盘。

⑭ 干磨要戴好口罩，修砂轮要戴上防护眼镜。

2. 磨工基本技能训练过程卡——外圆磨削练习

目的与要求

熟悉万能外圆磨床的操作方法,掌握万能外圆磨床磨削外圆的加工方法,按图样加工,达到图样要求。

作业名称	外圆磨削练习	零件名称	小轴	数　量	1件
毛坯及半成品	车工加工好的半成品	材　料	45 钢	计划工时	2h

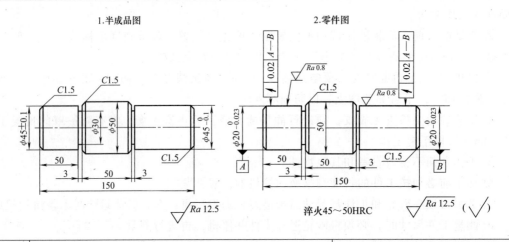

1.半成品图　　2.零件图

序号	操作步骤及注意事项	设备,工、量、刀、夹、模具
1	研磨两顶尖孔,抹机油。	M1432A 万能外圆磨床,1-400×40×
2	夹头夹紧 φ45mm 一端,首尾两顶尖顶住工件,由拨盘带动工件磨削左端,保证尺寸 $\phi 45^{-0.20}_{-0.25}$ mm,表面粗糙度值 $Ra0.8\mu m$。	203-WA60L5V-30 砂轮,0～50mm 千分尺
3	掉头,桃子夹垫铜片夹紧 $\phi 45^{-0.20}_{-0.025}$ mm 端,两顶尖顶住工件磨另一端,保证 $\phi 45^{-0.20}_{-0.025}$ mm,表面粗糙度 $Ra0.8$;重复 2～3 步,依次磨削两端至 $\phi 44^{0}_{-0.025}$ mm,$Ra0.8\mu m$,$\phi 43^{0}_{-0.025}$ mm,$Ra0.8\mu m$,……,$\phi 20^{0}_{-0.023}$ mm,$Ra0.8\mu m$。	
4	注:当磨削至 φ32mm 时,工件交车工,将退刀槽车削至 φ18mm×3mm。	

五、钳工操作指导

1. 钳工实训安全操作规程

① 必须穿戴好防护用品，扣好衣扣，扎好袖口，衣着整齐。女同学不允许穿裙子，长发要扎入工作帽内。

② 正确使用各种工具，平口钳装夹工件要牢固，锯削时严禁把手放在锯口下方，以免把手锯伤。

③ 钢锯锯条要安装牢固，锯削时不得用力过大、过猛、过快，防止锯条崩断伤人。

④ 在工件需要敲打或錾削时，要注意周围人员的安全，防止意外伤人。

⑤ 钻孔时，钻头必须夹紧，不允许戴手套，工件必须夹紧，不允许用手拿工件，以防意外事故发生。

⑥ 锉削时铁屑不准用口吹、手抹，只能用刷子轻轻刷扫。

⑦ 严禁对平口钳和工作台乱打乱敲。

⑧ 工作时，不允许追逐打闹、大声喧哗。

⑨ 操作完毕清扫场地，工具、量具、刃具、钳台、钻床、平口钳等抹擦干净，垃圾倒入指定地点。

2. 钳工基本技能训练过程卡——立体划线练习

目的与要求					
练习立体划线操作,熟悉划线工具及使用方法,掌握立体划线要领。 划线后要求线条清晰准确,尺寸符合图样要求。					
作业名称	立体划线	零件名称	轴承座	数 量	1件/人
毛坯及半成品	轴 承 座	材 料	HT200	计划工时	1.5h

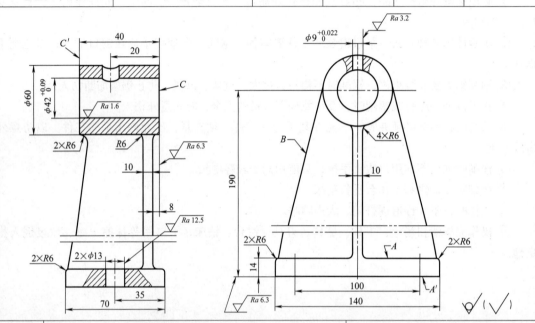

序号	操作步骤及注意事项	设备,工、量、刀、夹、模具
1	准备工作:首先研究图样,确定划线基准,然后检查和清理毛坯(去掉疤痕和毛刺)。将孔心两端用铅块或木块堵上,划线部分涂上白色粉笔,以外圆为校正依据,用划卡找出两端孔中心位置。	平台、划针、划针盘、划卡 　　钢直尺(0~200mm),千斤顶三个,划规宽座角尺(100,6级),手锤(磅),样冲
2	找正和划线: 　　1)用三个千斤顶支承轴承座底面,根据两端面孔中心位置(划线基准,以保证孔壁均匀)及面的上平面A,调整千斤顶高度,用划针盘找正。将孔中心调到同一高度,并使A面尽量达到水平位置,划出孔的两端面水平基准中心线及轴承座底面四周的加工线。 　　注意:若φ42mm孔偏心过大或A面不平,A面与A′面之间的厚度相差太大,无足够的加工余量,则应适当借料。	

（续）

序号	操作步骤及注意事项	设备,工、量、刀、夹、模具
3 4	2）将工件翻转90°,用三个千斤顶支承 B 面,并依据 A′面的加工线,用直角尺找正,使 A′面的加工线（面）垂直划线平台,并使轴承孔两端的中心处于同一高度,划出 C,C′面上孔的另一基准中心线及 A 面两螺孔和 φ9mm 孔的第一条中心线(其中 φ9mm 孔的中心线应尽量划长些)。 　3）将工件翻转90°,用三个千斤顶支承 C 面,以加工底面 A 宽度方向的加工线及 φ9mm 孔的中心线为基准,用直角尺在两个方向上找下,划出 c′面的加工线及两螺孔和 φ9mm 孔的另一条中心线。 　4）用划针划出轴承孔、螺钉孔、φ9mm 孔的周围尺寸。 检查和钻样冲眼, 检查所划的线是否正确,确认正确后,钻样冲眼; 注意事项: 1）工件要支承稳定,以免滑移。 2）在一次支承中,应把需划的平行线划全。	

3. 钳工基本技能训练过程卡——锉削和锯削练习

目的与要求

练习锉削和锯削,初步掌握锉削、锯削的方法,正确选用和使用工具,了解锉削多面体的工艺过程,锯削、锉削后的尺寸精度和表面粗糙度应符合图样要求。

作业名称	锉削和锯削练习	零件名称	M10 六角螺母毛坯	数　量	1 件
毛坯及半成品	(φ25～φ28)×12±0.55 圆柱	材　料	Q235	计划工时	3h

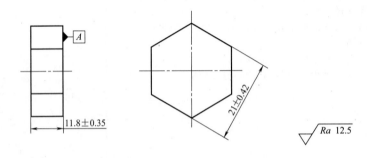

序号	操作步骤及注意事项	设备,工、量、刀、夹、模具
1	将圆钢毛坯去毛刺后,将其夹持在台虎钳上,伸出钳口 3～5mm,锉削基准面 A,然后翻边夹持,将其另一端面用粗齿锉锉削至图样规定的尺寸(11.8±0.35)mm。	圆规,划针,钢直尺(0～200mm),手锤(1 磅),样冲,V 形铁,宽座角尺(63,3 级),游标卡尺(0～125mm,分度值 0.02mm)
2	在基准面 A 上涂蓝油或硫酸铜溶液,干后划出六边形,钻样冲眼。	120°角度样板
3	留 0.8～1.5mm 的锉削加工余量,依次锯削出六边形,注意保证各边垂直于 A 面。	
4	用粗齿锉按线依次锉削三面,并用 120°角度样板检查各相邻边的夹角,用宽座角尺检查侧面与 A 面的垂直度,锉削到尺寸界线(样冲眼的一半),然后锉削另三面,锉削过程中应常用游标卡尺测量其对边尺寸,保证尺寸 21±0.42mm,用宽座角尺检查,保证各侧面垂直于基准面 A,用 120°角度样板检查各相邻边的夹角。	
5	检查。	

4. 钳工基本技能训练过程卡——锉削、钻孔、攻螺纹练习

目的与要求

掌握锉削、钻孔、攻螺纹的方法,正确选用、使用工具及量具,了解钻床的结构和操作。锉削后的尺寸精度、表面粗糙度符合图样要求,钻孔、攻螺纹后螺孔应与基面基本垂直,且无常见缺陷。

作业名称	锉削、钻孔、攻螺纹练习	零件名称	M10六角螺母	数　量	1件
毛坯及半成品	钳工实训件(二)	材　料	Q235	计划工时	2.5h

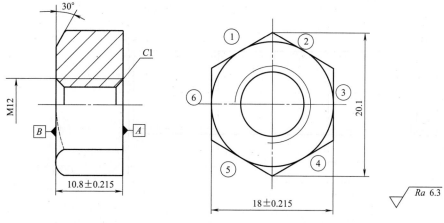

序号	操作步骤及注意事项	设备,工、量、刀、夹、模具
1	用细齿锉加工平整基准面 A,翻边用粗锉加工端面 B,留 0.15mm 的精加工余量,然后用细齿锉锉削,保证尺寸 10.8 ± 0.215mm。	台式钻床,粗齿锉刀,细齿锉刀,ϕ10.2mm 钻头,M12 丝锥一套,样冲,手锤(1磅),M12螺栓1个,120°角度样板,游标卡尺(0～125mm,分度值0.02mm),宽座角尺(63,3级)
2	找出 A 面中心,钻样冲眼,用 ϕ8.7mm 的钻头钻通。	
3	锉六方: 　　1)锉削①面,保证①面垂直于基准面 A,并用游标卡尺测量孔壁到①面的距离,其测量值应为 $\left(\dfrac{18-10.3}{2}\text{mm}\pm0.11\text{mm}=3.85\text{mm}\pm0.11\text{mm}\right)$。 　　2)分别锉削②、⑥面,保证各面垂直于基准 A,用120°角度样板检查,保证②、⑥两面与①面的夹角为120°,用游标卡尺测量,保证②、⑥面至孔壁的距离为 3.85 ± 0.11mm。 　　3)锉削④面,保证其垂直于基准面 A,平行于①面,并保证尺寸 18 ± 0.215mm。 　　4)分别锉削③、⑤面,保证其垂直于 A 面,分别与⑥、②面平行,并保证尺寸 18 ± 0.215mm。 　　5)锉削30°倒角。注意在整个锉削过程中,均应注意保证尺寸精度、平面度、平行度、表面粗糙度符合图样要求。 　　6)攻螺纹:攻螺纹应使丝锥与基面 A 垂直,无烂牙、乱扣等缺陷。 　　7)去除攻螺纹毛刺,并用M10螺栓检查,保证顺利通过。	

5. 钳工基本技能训练过程卡——套螺纹练习

目的与要求						
练习圆弧面的锉削,掌握套螺纹的方法; 要求牙形丰满,无烂牙和明显的歪斜。						

作业名称	套螺纹练习	零件名称	M10 双头螺杆	数 量	1 件
毛坯及半成品	φ12mm×120mm 圆钢	材 料	Q235	计划工时	0.5h

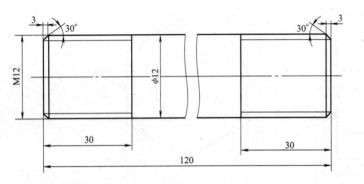

序号	操作步骤及注意事项	设备,工、量、刀、夹、模具
1	将φ12mm 的圆钢,用钢直尺量好长度 121mm,划线,锯断,如有弯曲则需矫直。	钢直尺(0~200mm),钢锯,中齿锉刀,游标卡尺(0~125mm,分度值0.02mm),M12 板牙及板牙架,划针
2	将圆钢两端面锉平,保证尺寸 120mm。	
3	将圆钢的两端 35mm 长处锉圆,保证尺寸 $\phi 12^{-0.20}_{-0.30}$ mm,并倒角 3×30°。	
4	套螺纹:①将圆钢夹持在台虎钳上,并与钳口面垂直,伸出钳口长度为 40mm;②选择 M12 的板牙及板牙架,进行套螺纹操作,套螺纹后的螺纹有效长度为 30mm。退出后,掉头套另一端螺纹。注意:套螺纹时,应两手握住板牙架,均匀向下施加压力,顺时针方向旋转,并使板牙端面与圆钢垂直,板牙开始切入工件时,转动要慢,压力要大,当套入 3~4 圈后,应只转动而不加压,为了断屑、排屑,要时常反转,并加切削液进行冷却和润滑。	

6. 钳工基本技能训练过程卡——综合练习

目的与要求					
熟练应用钳工常用工具、量具进行划线、锯、锉、钻孔操作。 加工完毕要求形状正确,轮廓清晰,尺寸公差、形位公差、表面粗糙度符合图样要求。					

作业名称	综合练习	零件名称	锤子	数 量	1件
毛坯及半成品	已刨削加工的锤子	材 料	45 钢	计划工时	16h

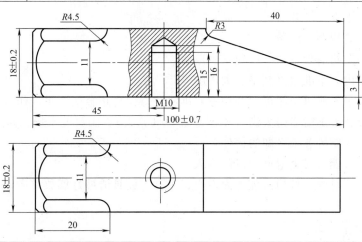

序号	操作步骤及注意事项	设备,工、量、刀、夹、模具
1	锤子加工前要求操作人员应有一定的锉削基础(即已练习锉削 1~2h)。	台式钻床,粗齿锉,平台,划针,錾子,钢锯,高度游标尺(0~350mm,分度值 0.02mm),游标卡尺(0~125mm,分度值 0.02mm)手锤(1磅),钻头 φ6mm,φ12mm,圆锉,细齿锉,宽座角尺(63,3 级)
2	划线基准加工,先将锤子毛坯去毛刺,然后用粗齿锉采用推锉法锉削 A、B、C 面,达到图样规定的表面粗糙度、垂直度及平面度(尺寸公差的 1/2)要求。	
3	划线,先将需要划线的面均匀的涂上硫酸铜溶液或蓝油,待干后分别以 A、B、C 面为基准,在已刨削加工表面划出相应的轮廓加工线,并钻样冲眼,对于钻孔中心样冲眼应敲重些。	
4	锯斜面,锯割时应留 0.4~0.8mm 的锉削余量,并尽量锯直。	
5	粗锉,用粗齿锉锉削非基准面,留精加工余量 0.2~0.3mm。并注意斜面、圆弧面、倒角的锉削法。	
6	孔加工,用 φ8.7mm 钻头钻孔。	
7	精锉,用细齿锉锉削使工件达到图样规定要求。	
8	检查。	

六、铸造操作指导

1. 铸造安全操作规程

① 必须穿戴好防护用品，扣好衣扣，扎好袖口，衣着整齐。女同学不允许穿裙子，发辫要扎入工作帽内。

② 造型时不能用嘴吹沙子。

③ 工作区内杂物清理干净，以免发生危险。

④ 铸造车间内，不准追逐打闹、大声喧哗。

⑤ 浇注时人员不能过于靠近，并注意对准浇注口，防止金属液飞溅伤人。

⑥ 浇包中金属液不能盛得太满（不能超过80%），浇注工具要干燥，防止金属液飞溅。

⑦ 不能用手、脚触及未冷却的铸件。

⑧ 剩余金属液倒入安全地点，以防伤人。

⑨ 下课时拉下电闸，打扫清理地面卫生，工具、模具清理好摆放整齐。

2. 铸造基本技能训练过程卡——两箱整模造型练习

目的与要求					
初步掌握整模两箱造型方法,学会使用各种造型工具,要求操作认真,符合要求。					

作业名称	两箱整模造型练习	零件名称	环头杆	数 量	2 件
模 型	压盖木模	材 料	铸铝用型砂	计划工时	5.5h

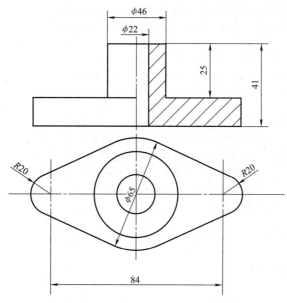

序号	操作步骤及注意事项	设备,工、量、刀、夹、模具
1	选择平直的底板和大小合适的砂箱(保证木模与砂箱内壁及顶部之间留有 30~100mm 的距离,称为吃砂量)。擦净模样,把模样放在底板上,注意模样斜度的方向,注意留出浇口和冒口的位置。	底板、砂箱、刮砂板、春砂锤、通气针、起模针、皮老虎、墁刀、秋叶、砂勾、半圆、模样一套。
2	放好下箱(注意砂箱要翻转),分次加砂,对小砂箱每次加砂厚约 50~70mm,第一次加砂须用手将模样按住,并用手将模样周围的砂塞紧,以免春砂时模样移位。用尖头锤春砂,春砂应均匀地按一定的路线进行,春砂用力大小应适当,不要过大或过小。同一砂型的各处紧实度应不同。靠近砂箱内壁应春紧,靠近型腔部分的砂层应稍紧些,远离型腔的砂层紧实度依次适当减小以利透气。	
3	春满砂箱后,再堆高一层砂,用平头锤打紧。	
4	用刮砂板刮平砂箱(切勿用墁刀光平),然后,在木模设置投影面的上方,用直径 2~3mm 的通气针扎出通气孔,通气孔应均匀分布,深度适当,离型腔顶面约 10mm 高。	

（续）

序号	操 作 步 骤 及 注 意 事 项	设备,工、量、刀、夹、模具
5	下砂型造好后,翻转 180°用墁刀修光分型面,然后撒分型砂,撒砂时手应距砂箱稍高,一边转圈,一边摇动,使分型砂从五指夹合缝中缓慢而均匀地散落下来,薄薄地覆盖在分型面上,最后应将木模上的分型砂吹掉,再放浇口和冒口,放好上砂型箱,造上砂型。	
6	上砂型舂紧刮平后,要在木模设置投影面的上方用直径 2~3mm 的通气针扎出通气孔。	
7	开外浇口:应挖成约 60°的锥形,大端直径约 60~80mm,浇口面应修光,与直浇口连接处应修成圆弧过渡,便于浇注时对准直浇口。	
8	做合箱线:若上、下砂箱没有定位销,则应在上、下砂型打开之前,在砂箱壁上作出合箱线,即在箱壁上涂上粉笔灰,然后用划针画出经线。	
9	开箱:用毛笔沾些水,刷在模样周围的型砂上。刷水时应一刷而过,不要使毛笔停留在某一处。松动模样时,起模针位置要尽量与模样的重心铅垂线重合。起模前要用小锤轻轻敲打起模针的下部,使模样松动,以利于起模。	
10	修型:起模后,型腔如有损坏,应根据型腔形状和损坏的程度,使用各种修型工具进行修补,如用砂钩修补较窄的铅垂面和型腔底面,然后抹平等。	
11	开内浇口,下型芯。	
12	合箱:合箱时应注意使砂箱保持水平下降,并应对准合箱线,防止错箱。	

3. 铸造基本技能训练过程卡——分模造型练习

目的与要求
在一定造型知识的基础上,进一步掌握两箱分模造型的方法,要求操作认真,做到形状正确,符合要求。

作业名称	分模造型练习	零件名称	凸缘管子	数　量	2件
模　　型	凸缘管子木模	材　料	铸铝用型砂	计划工时	4.5h

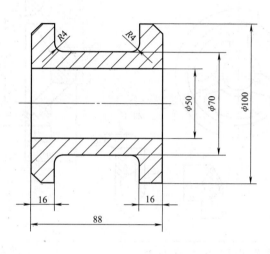

序号	操作步骤及注意事项	设备,工、量、刀、夹、模具
1	用下半模造下砂型,扎通气孔。	砂箱、底板、刮砂板、舂砂锤、通气针、起模针、皮老虎、墁刀、秋叶、砂勾、半圆、模样一套。
2	放好上半模,撒分型砂,放浇口、冒口棒和上砂箱,造上砂型。	
3	开外浇口,扎通气孔。	
4	开箱,分别起模,开内浇口、下型芯,开排气道。	
5	准确合箱。	

4. 铸造基本技能训练过程卡——两箱挖砂造型练习

目的与要求

在有一定造型知识的基础上,进一步掌握两箱挖砂造型方法,要求操作认真,做到形状正确,符合要求。

作业名称	两箱挖砂造型练习	零件名称	手 轮	数 量	2件
模 型	手轮木模	材 料	铸铝用型砂	计划工时	2.5h

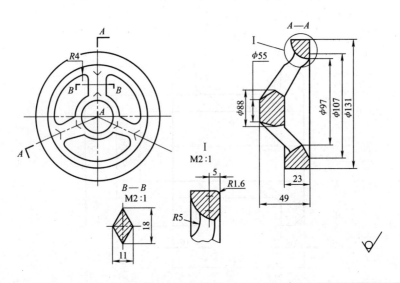

序号	操作步骤及注意事项	设备,工、量、刀、夹、模具
1	放置模样,造下砂型,扎通气孔。	砂箱、底板、刮砂板、春砂锤、通气针、起模针、皮老虎、墁刀、秋叶、砂勾、半圆、模样一套。
2	翻转180°,沿最大截面作分型面,将妨碍拔模的那部分型砂挖掉,挖出分型面(分型面的坡度应尽量挖修的小而平缓光滑,防止上砂箱突出的吊砂过陡),撒分型砂。	
3	放浇口和冒口棒、上砂箱,造上砂型,扎通气孔,开外浇口。	
4	开箱起模、开内浇口。	
5	合箱。	

5. 铸造基本技能训练过程卡——活块造型练习

目的与要求					
掌握基本造型方法后,进一步掌握活块造型方法,要求操作认真,符合操作工艺要求。					

作业名称	活块造型练习	零件名称	导向套	数 量	2 件
模 型	导向套木模	材 料	铸铝用型砂	计划工时	2.5h

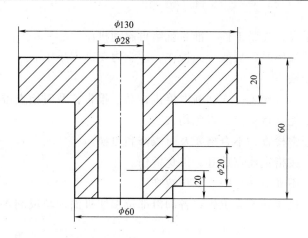

序号	操作步骤及注意事项	设备,工、量、刀、夹、模具
1	在平板上放上模样和下砂箱,注意留出浇冒口系统位置。先将活块处的部分型砂春紧(注意不要春到活块上)。待活块附近型砂春紧后,挖掉部分型砂,将连接活块的销钉拔出(切勿忘记)。然后再继续加砂造型(注意不要使活块发生位移)。造型完成后,扎出通气孔。	砂箱、底板、刮砂板、春砂锤、通气针、起模针、皮老虎、墁刀、秋叶、砂勾、半圆、模样一套。
2	翻转下箱,修分型面,撒分型砂,放上砂箱、浇口、冒口棒和上砂箱,造上砂型。	
3	取出浇口棒,开挖外浇口,并扎出通气孔。	
4	开箱,翻转上箱,取出冒口,并修冒口,在下箱中,用拔模针取出模样、活块,开内浇口并放型芯。	
5	合箱。	

七、锻造操作指导

1. 锻造安全操作规程

① 必须穿戴好防护用品，扣好衣扣，扎好袖口，衣着整齐。女同学不允许穿裙子，发辫要扎入工作帽内。

② 操作时戴好手套，夹紧工件，准备就绪再起动机床。

③ 用空气锤锻造操作时，只能一人操作，注意力要高度集中。

④ 不允许锤击冷铁。

⑤ 操作时如发现异常现象，立即断电停机，马上报告，及时检查维修后，方可使用。

⑥ 下料时，手不能靠近锯口，以免伤人。

⑦ 锻造夹钳要经常检查，不合格要及时维修和更换。

⑧ 锻好的锻件，按指定地点放好，以免烫伤。

⑨ 锻造车间内，不准追逐打闹、大声喧哗。

⑩ 下课前，打扫机床和地面卫生，各润滑部位加注机油，垃圾倒入指定地点。

2．锻造基本技能训练过程卡——自由锻练习

目的与要求					
熟悉空气锤的操作方法，掌握简单自由锻锻件的操作技能，并能对自由锻锻件初步进行工艺分析。					

作业名称	自由锻练习	零件名称	锤子毛坯	数　量	1 件
毛坯及半成品	φ32mm×51mm 圆钢	材　　料	45 钢	计划工时	4h

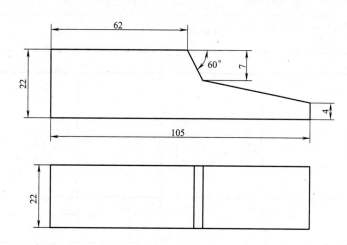

技术要求

1. 毛坯断面为正方形，要求每个角为 90°，其误差为 0.5°。

2. 各平面的直线度允许误差为 0.5mm。

序号	操作步骤及注意事项	设备,工、量、刀、夹、模具
1	始锻温度:1280℃,终锻温度:700℃,加热次数:2 次。	方口钳、窄平锤、尖嘴钳、方平锤、钢直尺、錾子
2	锻四方,保证尺寸 22mm×22mm,先用窄平锤锻出四方,再用方平锤平整锤身。	
3	在(离端面)62mm 处切割,切割深度要适当。	
4	错移。	
5	拔长斜面,保证总长 105mm,尖端高 4mm,注意进给量。	

3. 冲压基本技能训练过程卡——冲压操作练习

目的与要求					
了解冲压设备结构和工作原理,了解冲压基本工序。					

作业名称	冲压操作练习	零件名称	水平杆	数 量	10 件
毛坯及半成品	∟ 50mm×50mm× 5mm×579mm	材 料	Q235,角钢 ∟ 50mm×50mm	计划工时	1h

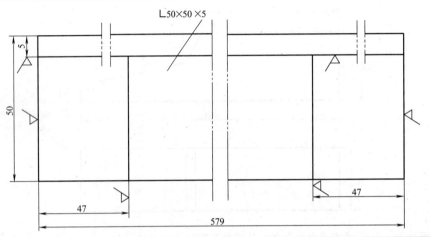

序号	操 作 步 骤 及 注 意 事 项	设备,工、量、刀、夹、模具
1	按图样在毛坯两端划 47mm×45mm 缺口线。	JD23-63A 型开式可倾压力机,水平杆冲模一副,钢直尺(0~150mm)
2	打开电源开关。	
3	将工件装入冲模内,并对正冲模上对应的刻线。	
4	按电动机起动按钮。	
5	拨动开关至单次冲击位置。	
6	按双手按钮,冲出缺口。	
7	将工件掉头,装入模的另一端,并对正冲模上对应的刻线。	
8	重复 4~6 工步,冲出另一端缺口。	
	注意事项: 1. 在操作前,应认真检查机床部分是否处于正常状态: 1)滑块是否停在上死点。	

（续）

序号	操　作　步　骤　及　注　意　事　项	设备,工、量、刀、夹、模具
	2）用扳杆扳动飞轮,检查是否处于空车状态。 　　3）检查操纵机构、制动器、打棒顶料机构及各部分是否处于正确状态。 　　4）各部分螺钉是否拧紧。 　　2. 在压力机起动前应充分润滑各分油点,并观察各点油量是否均匀,否则应调节分油器上的节流螺钉。 　　　　每班的润滑点　　　润滑点周期　　　润滑油 　　1）连杆轴承　　　　每班4次　　　20号机油 　　2）左轴承　　　　　每班4次　　　20号机油 　　3）右轴承　　　　　每班4次　　　20号机油 　　4）左导轨　　　　　每班4次　　　20号机油 　　5）右导轨　　　　　每班4次　　　20号机油 　　6）大齿轮轴承　　　每4h一次　　锂基脂+20% 　　7）齿轮啮合面　　　每天一次　　20号机油稀释 　　8）操纵机构　　　　每班一次　　20号机油稀释 　　9）螺杆球头　　　　每班二次　　20号机油稀释	

八、焊接操作指导

1. 焊接实训安全操作规程

① 必须穿戴好防护用品，扣好衣扣，扎好袖口，衣着整齐。女同学不允许穿裙子，发辫要扎入工作帽内。戴好手套和面罩。

② 焊接前要接地可靠，焊钳应绝缘，不要把焊钳放在工作台上。

③ 不允许不戴面罩焊接。

④ 气焊、气割时注意火焰不能喷到身上和胶管上，以免烧坏气管而引发事故。

⑤ 气焊、气割回火时立即关闭乙炔阀。禁止在存放易燃易爆物品处焊接。

⑥ 焊接时注意周围人员，以防引弧电弧伤人。

⑦ 不能用手清理焊渣和触及未冷却的焊件。

⑧ 乙炔、氧气必须按安全要求摆放，存放处禁止吸烟。

⑨ 下班时拉下电闸，打扫清理地面卫生，工具摆放好。

2. 焊接基本技能训练过程卡——平焊练习

目的与要求

初步掌握平焊操作,熟悉所使用的电焊机和工具。
正确选定焊条、焊接电流,注意用规范的焊接方法。

作业名称	平焊练习(焊条电弧焊)	零件名称	钢板对接平焊	数 量	5件
毛坯及半成品	30mm×300mm×(3～6)mm 两块	材 料	Q235 钢	计划工时	5.5h

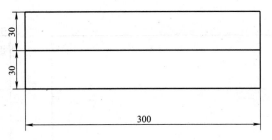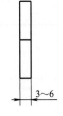

序号	操作步骤及注意事项	设备,工、量、刀、夹、模具
1	备料:根据图样尺寸用剪床下料、整平。	钢直尺、交流焊机或直流焊机、焊钳、锤子、焊条
2	将两钢板对齐,放平留1～2mm 间隙。	
3	分两点点焊,固定。	
4	用直径 2.5(或 3.2)mm 的结构钢焊条,焊接电流 70～90A(或 100～110A),按照合适的焊接规范进行焊接。	
5	焊后清熔渣,用锤子敲去熔渣。	
6	检查焊缝。	

3. 焊接基本技能训练过程卡——气焊平焊练习

目的与要求					
掌握气焊的设备工具、焊接方法。 注意正确的焊接操作,达到要求的焊接水平。 注意安全操作。					
作业名称	气焊平焊练习	零件名称	钢板焊接	数　量	5 件
毛坯及半成品	30mm×30mm× (2.5~3)mm 两块	材　　料	Q235A	计划工时	6h

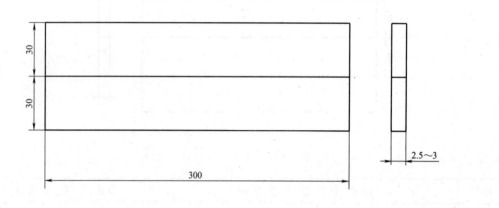

序号	操作步骤及注意事项	设备,工、量、刀、夹、模具
1 2 3 4	备料:根据图样尺寸用剪床下料。 将两钢板对齐、放平,留 1mm 的间隙。 选用直径 2.5~3mm 的焊丝,焊接。 注意: 　1)必须彻底消除焊丝和焊接接头处表面油、污、铁锈等,否则不能进行焊接。 　2)焊接时注意焊嘴倾角的大小,采用中性焰。 　3)焊接时可用左焊法。 　4)注意安全操作。	钢直尺、焊炬、氧气-乙炔气瓶、锤子、铁丝、焊炬嘴

九、数控铣床及加工中心操作指导

1. 数控铣床及加工中心安全操作规程

① 必须穿戴好防护用品，扣好衣扣，扎好袖口，衣着整齐。女同学不允许穿裙子，发辫要扎入工作帽内。

② 必须仔细阅读并充分理解所操作机床的机械和电气使用说明书，掌握所有安全注意事项并正确使用才能操作。

③ 机床在自动运转时不得进入机床的运动范围。当确实需进入机床的运动范围时，必须切断电源，或解除自动运转并确认安全状态。

④ 为操作者的安全和保护机床设置有各种安全装置，不得取消任何安全装置进行运转。

⑤ 加工前固定加工工件和刀具，使用的工具不得放置在运动的部位上。加工时必须选择适当的加工参数。

⑥ 机床的安装和维修，必须按机床使用说明书中的规定，由专业人员进行，特别注意：在维修时必须切断电源。

⑦ 严禁取消、损坏机床的安全警示、标牌。

⑧ 操作过程中，如发现异常现象应马上报告并及时进行停机检查。数控操作必须在指导人员的指导下进行。

⑨ 操作完毕，打扫机床卫生，擦干净机床上的污垢、铁屑，导轨面加注机油，垃圾倒入指定地点。

2. 数控铣床基本技能训练过程卡——板类练习

目的与要求					

基本掌握直线、圆弧插补、辅助指令和编程方式,工件坐标系的确定,对刀的操作过程,要求几何形状、尺寸符合图样要求。

作业名称	板类练习	零件名称	嵌块	数量	1件
毛坯及半成品	坯料 70mm×70mm×20mm	材料	45 钢	计划时间	40min

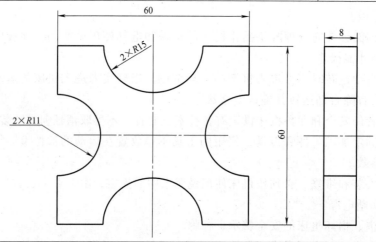

序号	操作步骤及注意事项	设备,工、量、刀、夹、模具
1	打开电源之后检查机床各部分是否有异样,无误后通过操作面板使 X、Y、Z 返回机床零点。如 X、Y、Z 任一轴已在机床零点,应在手动方式下使该轴朝着回零的反方向运动一段距离,否则会硬超程,严重时会损坏机床。	数控铣床、台虎钳、直径 20 立铣刀、游标卡尺
2	把工件装夹在台虎钳上,以台虎钳固定端为基准与 X 或 Y 轴平行。	
3	在操作面板编辑方式下,编辑程序。	
4	确定工件 X、Y、Z 的零点,输入工件坐标系。	
5	确定无误,在自动方式下,按起动键。	

3. 数控加工中心基本技能训练过程卡——板类练习

<table>
<tr><td colspan="6">目的与要求</td></tr>
<tr><td colspan="6">基本掌握直线、圆弧插补、辅助指令和编程方式,工件坐标系的确定,对刀的操作过程,熟悉掌握自动换刀过程。要求几何形状;尺寸符合图样要求。</td></tr>
<tr><td>作业名称</td><td>板类练习</td><td>零件名称</td><td>嵌块</td><td>数　量</td><td>1件</td></tr>
<tr><td>毛坯及半成品</td><td>坯料 70mm×70mm×20mm</td><td>材　料</td><td>45 钢</td><td>计划工时</td><td>40min</td></tr>
</table>

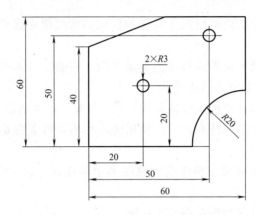

序号	操作步骤及注意事项	设备,工、量、刀、夹、模具
1	打开电源之后检查机床各系统是否有异样,无误后通过操作面板使 X、Y、Z 返回机床零点。如 X、Y、Z 任一轴已在机床零点,应在手动方式下使该轴朝着回零的反方向运动一段距离,否则会硬超程,严重时会损坏机床。	数控加工中心机床、台虎钳、直径 20 立铣刀、游标卡尺(0~125mm,最小分度值 0.02mm)
2	把工件装夹在台虎钳上,以台虎钳固定端为基准与 X 或 Y 轴平行。	
3	在操作面板编辑方式下,编辑程序。	
4	确定工件 X、Y、Z 的零点,输入工件坐标系。	
5	确定无误,在自动方式下,按起动键。	

十、数控车床操作指导

1. 数控车床安全操作规程

① 必须穿戴好防护用品，扣好衣扣，扎好袖口，衣着整齐。女同学不允许穿裙子，发辫要扎入工作帽内。

② 必须仔细阅读并充分理解所操作机床的机械和电气使用说明书，掌握所有安全注意事项并正确使用。

③ 机床在自动运转时不得进入机床的运动范围。当确需进入机床的运动范围时，必须切断电源，或解除自动运转并确认安全状态。

④ 为操作者的安全和保护机床设置有各种安全装置，不得取消任何安全装置进行运转。

⑤ 加工前切实固定加工工件和刀具，使用的工具不得放置在运动的部位上。加工时必须选择适当的加工参数。

⑥ 机床的安装和维修必须按机床使用说明书中的规定，由专业人员进行，特别注意：在维修时必须切断电源。

⑦ 严禁取消、损坏机床的安全警示、标牌。

⑧ 操作过程中，如发现异常现象，马上报告，及时停机检查。数控操作必须在指导人员的指导下进行。

⑨ 操作完毕，打扫机床卫生，擦干净机床上的污垢、铁屑，导轨面加注机油，垃圾倒入指定地点。

2. 数控车床基本技能训练过程卡——轴类车削练习一

目的与要求

基本掌握外圆、圆弧、螺纹、槽车削操作,量具的使用方法,几何形状、尺寸符合图样要求。

作业名称	轴类车削练习一	零件名称	扭转试件(粗加工)	数量	1件
毛坯及半成品	坯料 φ30mm×60mm	材料	Q235 或 HT200	计划时间	1h

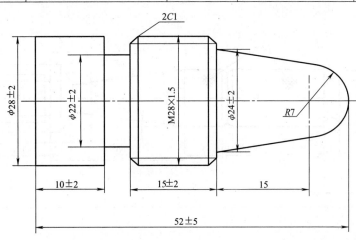

序号	操作步骤及注意事项	设备,工、量、刀、夹、模具
1 2 3 4 5	打开机床电源,X 和 Z 轴回零点。 夹持一端,留 60mm 加工长度。 确定工件 X 和 Z 零点,输入工件坐标。 在机床操作面板编辑方式下输入程序。 确定无误,在自动方式下,按起动键。	CKB630 数控车床,90°偏刀、螺纹刀、圆弧刀、切刀,钢直尺(0～200mm),游标卡尺(0～125mm,分度值 0.02mm)

3. 数控车床基本技能训练过程卡——轴类车削练习二

目的与要求					
基本掌握外圆、圆弧、螺纹、槽车削操作,量具的使用方法,几何形状、尺寸符合图样要求。					
作业名称	轴类车削练习二	零件名称	扭转试件(粗加工)	数量	1件
毛坯及半成品	坯料 φ20mm×190mm	材料	Q235 或 HT200	计划时间	1h

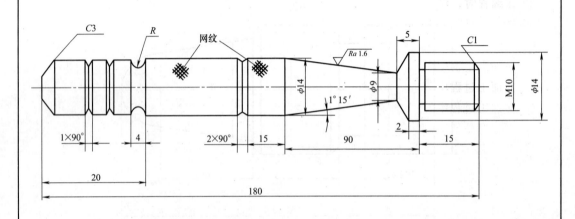

序号	操作步骤及注意事项	设备,工、量、刀、夹、模具
1	打开机床电源之后,X 和 Z 轴回零点。	CKB630 数控车床、90°偏刀、螺纹
2	夹持一端,留 60mm 加工长度。	刀、圆弧刀、切刀,钢直尺(0~
3	确定工件 X 和 Z 零点,输入工件坐标。	200mm),游标卡尺(0~125mm,分度
4	在机床操作面板编辑方式下输入程序。	值 0.02mm)
5	确定无误,在自动方式下,按起动键。	

十一、数控电火花线切割机床操作指导

1. 数控电火花线切割机床安全操作规程

① 实习学生应在老师指导下起动机床、输入程序及加工零件。

② 在编程时，注意切入点与工件及机床的相对位置要正确。

③ 模拟运行时，打开电源总开关及系统开关即可。

④ 装夹工件时，工件伸出支架部分要大于实际工作尺寸，用手旋紧压板螺母。

⑤ 在加工过程中，切不可变更脉冲参数。

⑥ 在加工过程中，不可擅自离开工作岗位。

⑦ 在加工过程中，严禁用手触摸钼丝、工件、工作台。

⑧ 出现意外情况时，必须立即关闭电源，报告指导老师。

⑨ 严禁在切削液中清洗零件。

⑩ 工作完毕后，机床要擦拭干净，及时保养。

⑪ 切割结束时的关机步骤：关切削液→关丝→关高频（变频、加工、进给）→关总开关。

2. 数控电火花线切割加工基本技能训练过程卡——繁花类零件加工

目的与要求						
了解电火花成形加工的基本原理。熟悉数控电火花成形加工机床的组成和结构特点。掌握电火花成形加工的基本操作,了解其加工规律。						

作业名称	繁花类零件加工	零件名称	电火花加工	数量	1件
毛坯及半成品	钢板	材　　料	45 或 235A	计划工时	1h

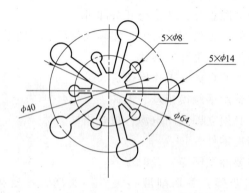

序号	操作步骤及注意事项	设备,工、量、刀、夹、模具
1	首先看懂图样。	工件(材料为 45 或 235A),尺寸(长×宽×高)为30mm×40mm×10mm。
2	到编程界面,按图样尺寸,画好图样。 注:线切割控制软件分编程界面、控制界面。	
3	画好图样认真核对,确认图形尺寸正确,从图形圆心引出一条直线(切入线),该线生成后变为黄色。	
4	再单击菜单栏"切割"命令,按生成切割线的方法,全部生成切割线(该线生成后变为红色)。	
5	在菜单栏中单击"排序"命令,再单击"图形切入线起点"即可。	
6	生成3B程序,在菜单栏中单击"3B命令",出现"参数"对话框,正确填好后,单击"确定",出现3B程序。	
7	连续点击两次鼠标左键,回到编程界面后,再单击菜单栏中的"联机"命令,显示器切换到控制界面,再单击"装入"命令,出现要加工的图形。	
8	把工件放在机床滑板上,压好、对好中心,一切准备好后,开始加工。	
9	加工前,确认工件装好,再开水泵,起动机床,再单击控制界面的"加工"命令后,系统即开始自动加工。	
10	加工完成后,机床自动停止,把工件拿下来。 注:加工过程中,人体任何部位不能接触加工部位,因为此部位加工过程中带电。	

十二、特种设备操作指导

1. 激光内雕基本技能训练过程卡

目的与要求	了解激光内雕加工的基本原理。熟悉 Main 算点软件、mark 打点软件的运用,掌握激光内雕加工的基本操作,了解其加工规律。

作业名称	激光雕刻加工	零件名称	水晶照片	数量	1 个
毛坯及半成品	水晶块	材料	K9 水晶方块	计划工时	1h

北京时代光科科技发展有限公司

序号	操作步骤及注意事项	设备、工、量、刀、夹、模具
1	打开电脑主机和显示器。	工件(材料为 K9 水晶方块),尺寸(50mm × 50mm × 80mm)
2	打开机器总电源按钮和激光器电源按钮。	
3	打开 Main 算点软件。	
4	打开专用打点软件(Mark),单击复位。	
5	打开需内雕图案,即已算好点的"∗.dxf"文件,输入内雕水晶尺寸。	
6	选中雕刻文件名,使其整体居中。	
7	根据图案文件选择分块方式。	
8	将水晶表面擦拭干净,将水晶放入工作台右上角靠齐。	
9	开始雕刻。	
10	雕刻完成,关闭激光器电源按钮、总电源按钮,关闭打点软件。	

2. 熔融堆积成型（FDM）操作基本技能训练过程卡

目的与要求	了解熔融堆积成型的基本原理,熟悉 CAD 造型,掌握 3D 桌面打印机的基本操作,了解其加工规律。				

作业名称	3D 打印	零件名称	小型工件成形	数量	2 个
毛坯及半成品	无	材料	PLA1.75	计划工时	3h

序号	操作步骤及注意事项	设备,工、量、刀、夹、模具
1	检查打印材料是否充足,如不足,通过控制面板选择退丝,再增添材料进丝。	FDM 桌面级 3D 打印机, PLA（热塑性材料）,规格 1.75mm
2	开起电源,长按"OK"键开机直至灯亮。	
3	通过控制面板找到打印文件,选择打印。	
4	等待打印机预热,待升温到 195℃（由打印材料决定）。	
5	打印完毕,按左键取消当前打印文件或长按"OK"键关机,关闭电源。	
6	后续处理,如清理支撑、检查打印模型是否符合要求。	

十三、金属材料的组织显微分析及硬度测定实验指导

1. 铁碳合金平衡组织显微分析基本技能训练过程卡

（1）实训目的

1）认识不同成分的铁碳合金在平衡状态下的组织形态。

2）加深理解铁碳合金的化学成分—组织—性能之间的关系。

3）了解金相试样的制备过程及金相显微镜的使用。

（2）实训用设备及材料

1）金相显微镜若干台。

2）标准试样若干套［每套试样包括：工业纯铁，20钢、45钢、60钢（或65钢）、T8、T12，亚共晶白口生铁、共晶白口生铁、过共晶白口生铁试样各一个。试样的尺寸为$\phi12mm\times10mm$或$12mm\times12mm\times10mm$］。

（3）实训内容

1）显微试样的制备。显微试样的制备包括取样、磨光、抛光及浸蚀四个步骤。

① 取样。取样时应根据被分析材料或零件的特点，选择有代表性的部分。例如，研究零件破裂原因时，应在破裂部位进行比较分析。试样最适宜的尺寸是直径为12mm、高为10mm的圆柱体或底面为$12mm\times12mm$、高10mm的长方体。

取得试样后，应将试样表面制成平面，同时边缘要倒成圆角（分析化学热处理表面层组织时则不能倒角）。

② 磨光。试样磨平后，用清水冲洗干净并擦干，然后进行磨光。磨光可用手工或机械两种方法。

③ 抛光。抛光的目的是除去试样表面的细磨痕，最后得到一个光亮的镜面。抛光分为机械抛光、光解抛光和化学抛光三种方法。抛光时，压力不宜过大，抛光时间取决于试样表面的磨光质量，一般约为$5\sim15min$。

④ 显微试样的浸蚀。金相试样经抛光后，在显微镜下观察只能看到光亮的表面和非金属夹杂物（如铸铁中的石墨），看不到金属的内部组织。为了显示内部组织，必须将试样进行浸蚀。浸蚀方法有化学浸蚀和电解法两种。

试样浸蚀的适合程度，一般是根据观察放大倍数来决定。放大倍数越高，浸蚀可浅一些；相反，浸蚀就要深一些。总之，以在显微镜下能清晰显示出组织为宜。如试样浸蚀过度，须经重新抛光再进行浸蚀；如浸蚀不足，可继续浸蚀。

2）金相显微镜　金相显微镜是观察金属磨面金相组织的光学仪器。它是利用物镜、目镜将金属磨面放大到一定倍数，观察金属内部金相组织的装置。

① 金相显微镜结构简述。常用的金相显微镜有卧式金相显微镜、立式金相显微镜和台式金相显微镜三种。

显微镜的构造一般由照明系统、光学系统、机械系统、照像系统四部分组成。现以

XJB-1 型台式金相显微镜为例加以说明。图 13-1 为 XJB-1 金相显微镜外型结构图。

a. 光学系统。如图 13-2 所示，光线由灯泡 1 发出，经聚光镜组 2 会聚，由反光镜 15 将光线均匀地聚集在孔径光栏 14 上，经过聚光镜 3、4，再将光线透过半反射镜 5 聚集在物镜组 7 的瞳上。由物体反射回来的光线经过物镜组 7 和辅助透镜 6，至半反射镜 5 而折向辅助透镜 16，以及棱镜 11 与棱镜 12 等一系列光学系统，造成倒立放大的实像，由目镜 9、场镜 10 再度放大。这就是观察者从目镜视场里可看到物体表面放大的像。

b. 照明系统。照明设备装于底盘内，光源是一个低压灯泡，如图 13-2 所示。光源前有聚光镜组 2，反光镜及孔径光栏安装在圆形底盘上，聚光镜 3、4 及视场光栏安装在物镜支架上，这样组成照明系统，使试样获得均匀照明。

c. 机械系统。机械系统包括底座、样品台、调节螺钉等。样品台供放置试样用，在物镜的上方。调节螺钉供调节焦距使用，一般分为粗调与微调两种。

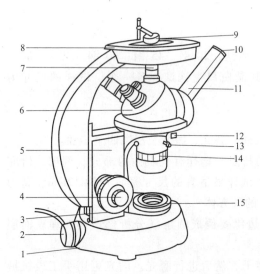

图 13-1　XJB-1 金相显微镜外型结构图

1—偏心圈　2—光源　3—粗动调焦手轮

4—微动调焦手轮　5—传动箱　6—转换器

7—物镜　8—载物台　9—样品　10—目镜

11—目镜筒　12—固定螺钉　13—调节螺钉

14—视场光栏　15—孔径光栏

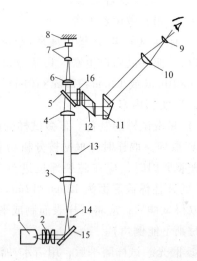

图 13-2　XJB-1 金相显微镜光学系统

1—灯泡　2—聚光镜组　3、4—聚光镜　5—半反射镜

6—辅助透镜　7—物镜组　8—试样　9—目镜

10—场镜　11、12—棱镜　13—视场光栏

14—孔径光栏　15—反光镜　16—辅助透镜

② 显微镜的操作及注意事项

a. 根据放大倍数，选择物镜与目镜，并分别装在物镜座和镜筒内。

b. 将显微镜光源灯泡（6~8V）接入变压器的低压一端，变压器的高压端与 220V 电源相接。注意切勿将灯泡直接与 220V 电源相接，以免烧坏灯泡。

c. 将试样放在样品台上，转动粗调螺钉，使样品台下降并靠近物镜，然后转动粗（或细）螺钉使样品台上升进行调焦，直至映像清晰。

d. 调节孔径光栏的大小，可以改变入射光束的粗细程度。孔径光栏小，入射光束较细，而物镜所造成的光学缺陷（如像差）就可以减小或消除；但孔径光栏过小，会使物镜的鉴别能力较低。孔径光栏过大，会降低映像的衬度。因此，孔径光栏的大小以成像清晰为宜。

值得注意的是，不应把孔径光栏的调节看作为调节亮度使用。

e. 视场光栏是用来减少目镜筒内的反射炫光和调节观察视野的大小，这样可以提高映像的衬度。通常将视场光栏调节到恰大于所选用目镜的视场即可。在观察时，每当更换物镜或目镜，均应相应调节孔径光栏或视场光栏。

f. 显微镜使用完毕，应取下电源插头，并卸下物镜和目镜。

3）观察几种碳钢和白口铸铁的样品

① 观察表 13-1 中所列样品的显微组织，研究每一个样品的组织特征，根据铁碳合金相图分析各类成分合金的组织，并通过观察和分析，熟悉钢和铸铁的金相组相形态的特征。

表 13-1　几种碳钢和白口铸铁的显微样品

编号	材料	热处理	组织名称及特征	浸蚀剂	放大倍数
1	工业纯铁	退火	铁素体（呈等轴晶粒）和微量三次渗碳体（薄片状）	4%硝酸酒精溶液	100~500
2	20钢	退火	铁素体（呈块状）和少量的珠光体	4%硝酸酒精溶液	100~500
3	45钢	退火	铁素体（呈块状）和相当数量的珠光体	4%硝酸酒精溶液	100~500
4	T8	退火	铁素体（宽条状）和渗碳体（细条状）交替排列	4%硝酸酒精溶液	100~500
5	T12	退火	珠光体（暗色基底）和细网络状二次渗碳体	4%硝酸酒精溶液	100~500
6	T12	退火	珠光体（呈浅色晶粒）和二次渗碳体（黑色网状）	苦味酸钠溶液	100~500
7	亚共晶白口铁	铸态	珠光体（呈黑色枝晶状）、莱氏体（斑点状）和二次渗碳体（在枝晶周围）	4%硝酸酒精溶液	100~500
8	共晶白口铁	铸态	莱氏体、即珠光体（黑色细条及斑点状）和渗碳体（亮白色）	4%硝酸酒精溶液	100~500
9	过共晶白口铁	铸态	莱氏体（暗色斑点）和一次渗碳体（粗大条片状）	4%硝酸酒精溶液	100~500

② 绘出所观察样品的显微组织示意图。画图时，要抓住各种组织组成物形态的特征，并用箭头和代表符号标出各种组织组成物。

③ 分析一个未知试样，指出它是何种钢或铸铁，并由什么组织构成。

2. 钢的热处理及试样硬度测定实验

（1）实训目的

1）通过观察不同的加热温度对碳钢的淬火组织和性能的影响，进一步了解碳钢淬火温度的选定原则，并加深对铁碳状态图的认识和理解。

2）通过观察金相组织和测定力学性能，进一步了解冷却速度对碳钢组织和性能的影响，并加深对等温转变曲线和淬火临界冷却速度等概念的理解。

3）通过观察金相组织和测定力学性能进一步了解不同回火温度对淬火碳钢的组织和性能的影响，并进一步理解淬火碳钢在回火过程中组织转变和性能变化的规律。

4）掌握根据不同金属零件的性能特点正确选择测定硬度的方法，并掌握布氏、洛氏硬度试验计的操作方法。

（2）实训用设备和材料

1）使用温度为 1000℃ 的加热电阻炉 1 台。

2）容量为 $0.03 \sim 0.1 \text{m}^3$ 的水槽、油槽各 1 个。槽内最好装设铁丝网篮，以便捞取试样。

3）HB-3000 型布氏硬度试验机 1～2 台，其基本结构如图 13-3 所示。

4）H-100 型洛氏硬度试验机 1～2 台，其基本结构如图 13-4 所示。

5）读数显微镜 4 台。

6）金相显微镜 7 台。

7）试样。推荐试样规格为 $\phi 20 \text{mm} \times 40 \text{mm}$，圆形试样上磨 5～8mm 宽的平台供测量硬度用。

（3）实训内容

1）碳钢的热处理实训

① 实训前的准备工作

a. 实训前学生应认真阅读有关的教材内容。

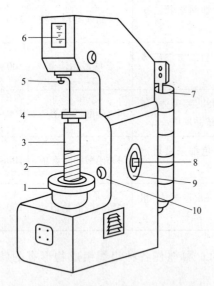

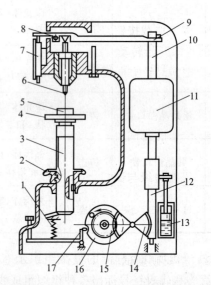

图 13-3　HB-3000 型布氏硬度试验机结构图
1—手轮　2—丝杠　3—立柱　4—工作台
5—压头　6—指示灯　7—载荷砝码
8—压紧螺钉　9—时间定位器
10—加载按钮

图 13-4　H-100 型洛氏硬度试验机结构图
1—弹簧　2—手轮　3—螺杆　4—试样台　5—试样
6—压头　7—指示器　8—支点　9—杠杆　10—纵杆
11—重锤　12—齿杆　13—油压缓冲器　14—扇齿轮
15—小齿轮　16—转盘　17—插销

b. 根据学生的分组情况和试样的要求，准备好试样。学生分到试样后，用钢字打号。

c. 根据要求，准备好所有金相观察试样及其金相组织示意图。金相组织示意图是用笔画出的，供学生画金相组织示意图时参考。

d. 在进行热处理实训前，所有电炉均应升温到预定的温度，电炉的测量仪表和控温装置均应准确无误。

e. 洛氏硬度计和布氏硬度计应能进行正常检测，所需工具和材料（如钢字头、夹钳、砂布、棉纱等）应准备齐全。

② 根据要求进行碳钢的热处理。

2）布氏硬度试验

① 操作前的准备工作

a. 根据试验规范选定压头，将其擦拭干净后装入主轴衬套内。

b. 根据试验规范选定载荷 P，加上相应的载荷砝码。

c. 安装工作台，当试样高度小于 120mm 时，应将立柱安装在升降丝杠上，再在立柱上安装工作台。如果试样需测定圆柱形表面的硬度时，应选择带有 "V" 形槽的工作台，以防止试样滚动。

d. 根据试验规范选定载荷保持时间 t，拧松压紧螺钉，将圆盘上的时间定位器（红色指示点）转到与载荷保持时间 t 相符的位置。

e. 接通电源，打开指示灯，若提示灯亮，则证明通电正常。

② 操作步骤

a. 将试样放在工作台上，顺时针方向转动手轮，使压头压向试样的测试表面，直至手轮对下面的螺母产生相对运动。

b. 按下加载按钮，起动电动机，即开始加载。当红色指示灯闪光时，迅速拧紧压紧螺钉，圆盘即开始转动，达到要求的载荷保持时间后，圆盘自动停止转动。

c. 按逆时针方向转动手轮，降下工作台。当压头完全离开试样后取出试样，用读数放大镜测出压痕直径 d，再根据 d 值查表或计算 HBW 值。

③ 技术要求

a. 试样的测试表面平整光洁，以得到清晰的压痕边缘，从而保证压痕直径 d 的测量精度。

b. 压痕边缘与试样边缘之间的距离应大于钢球直径 D，两个压痕边缘之间的距离亦应不小于 D。

c. 用读数放大镜测量压痕直径 d 时，应从相互垂直的两个方向分别测量 d 值后，再取其平均值。

3）洛氏硬度试验

① 实训操作

a. 根据试验规范和试样预期硬度值选定压头型式和载荷大小，并将压头装入试验机。

b. 将试样上下两面磨平后置于试样台上，再向试样施加预载荷。操作方法是按顺时针方向转动手轮，使试样与压头缓慢接触，至读数指示盘的小指针指到 "0" 为止，即已预加载荷 10×9.807N。然后将指示盘的大指针调整至零点（HRA、HRC 的零点为 0；HRB 的零点为 30）。

c. 按下按钮，平稳施加主载荷，以防损坏压头。当指示盘的大指针反向旋转若干格并停止转动时，保持 3~4s，再按照顺时针方向转动摇柄至自锁为止，从而卸除主载荷。由于试样的弹性变形得到恢复，表盘的大指针会退回若干格，此时指针所指示的位置反映了压痕的实际深度。在表盘上可直接读出试样的洛氏硬度值，HRA、HRC 读表盘外圈黑色刻度，HRB 读表盘内圈红色刻度。

d. 按逆时针方向转动手轮，至压头完全离开试样后取出试样。

② 技术要求

a. 金刚石压头系贵重物品，质地硬脆，严禁与其他物品碰撞。

b. 试样表面应平整光洁，不得有氧化皮、油污及明显的加工痕迹。

c. 试样厚度不得小于压入深度的 10 倍。

d. 压痕边缘离试样边缘的距离及两相邻压痕边缘间的距离均不得小于 3mm。

e. 加载时，力的作用线必须垂直于试样的测试表面。

4）观察实验试样的金相组织

① 制备金相显微试样。

② 在显微镜上逐个观察试样的金相组织。

十四、制品内部缺陷测试实验指导

1. 超声波探伤仪的使用和性能测试实验

（1）实训目的

① 了解 A 型超声波探伤仪的简单工作原理。

② 掌握 A 型超声波探伤仪的使用方法。

③ 掌握水平线性、垂直线性和动态范围等主要性能的测试方法。

④ 掌握盲区、分辨力和灵敏度余量等综合性能的测试方法。

（2）超声波探伤仪的工作原理 在实际探伤中，广泛应用的是 A 型脉冲反射式超声波探伤仪。这种仪器荧光屏横坐标表示超声波在工件中的传播时间（或传播距离），纵坐标表示反射回波波高。根据荧光屏上缺陷波的位置和高度可以判定缺陷的位置和大小。

A 型脉冲超声波探伤仪的型号规格较多，线路各异，但它们的基本电路大体相同。

（3）仪器的主要性能 仪器性能仅与仪器有关。仪器主要性能有水平线性、垂直线性和动态范围。

1）水平线性。仪器荧光屏上时基线水平刻度值与实际声程成正比的程度，称为仪器的水平线性或时基线性。水平线性主要取决于扫描锯齿波的线性。仪器水平线性的好坏直接影响测距精度，进而影响缺陷定位。

2）垂直线性。仪器荧光屏上的波高与输入信号幅度成正比的程度称为垂直线性或放大线性。垂直线性主要取决于放大器的性能。垂直线性的好坏影响应用面板曲线对缺陷定量的精度。

3）动态范围。仪器的动态范围是指反射信号从垂直极限衰减到消失时所需的衰减量，也就是仪器荧光屏容纳信号的能力。

（4）仪器与探头的主要综合性能 仪器与探头的综合性能不仅与仪器有关，而且与探头有关。主要综合性能有盲区、分辨力、灵敏度余量等。

1）盲区。从探测面到能发现缺陷的最小距离，称为盲区。盲区内缺陷一概不能发现。盲区与放大器的阻塞时间和始脉冲宽度有关，阻塞时间长，始脉冲宽，盲区大。

2）分辨力。在荧光屏上区分距离不同的相邻两缺陷的能力称为分辨力。能区分的两缺陷的距离越小，分辨力就越高。分辨力与脉冲宽度有关，脉冲宽度小，分辨力高。

3）灵敏度余量。灵敏度余量是指仪器与探头组合后，在一定的探测范围内发现微小缺陷的能力。具体指从一个规定测距孔径的人工试块上获得规定波高时仪器所保留的分贝数高，说明灵敏度余量高。

（5）实训用品

1）仪器：CTS-23。

2）探头：2.5P20Z 或 2.5P14z。

3）试块：ⅡW、CSK—IA、200/φ1 平底孔试块等。

4）耦合剂：机油。

5）其他：压块、坐标纸等。

（6）实训内容与步骤

1）水平线性的测试

① 调有关旋钮使时基线清晰明亮，并与水平刻度线重合。

② 将探头通过耦合剂置于 CSK—IA 或 ⅡW 试块上，如图 14-1a 的 a 处。

③ 调［微调］、［水平］或［脉冲移位］等旋钮，使荧光屏上出现五次底波 $B_1 \sim B_5$，且使 B_1、B_5 前沿分别对准水平刻度值 2.0 和 10.0。

④ 观察记录 B_2、B_3、B_4 与水平刻度值 4.0、6.0、8.0 的偏差值 a_2、a_3、a_4。

⑤ 计算水平线性误差：

$$\delta = \frac{|a_{max}|}{0.8b} \times 100\% \tag{1}$$

式中，a_{max} 为 a_2、a_3、a_4 中最大者；b 为荧光屏水平满刻度值。

ZBY230—84 标准规定仪器的水平线性误差不大于 2%。

2）垂直线性的测试

①［抑制］至"0"，［衰减器］保留 30dB 衰减余量。

② 探头通过耦合剂置于 CSK—ⅠA 或 ⅡW 试块上，如图 14-1 所示，并用压块恒定压力。

③ 调［增益］使底波达荧光屏满幅度 100%，但不饱和，作为 0dB。

④ 固定［增益］，调［衰减器］，每次衰减 2dB，并记下相应回波高度 H_i 填入表 14-1 中，直至消失。

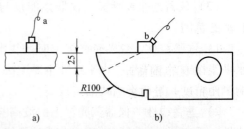

图 14-1　水平、垂直线性的测试

表中：实测相对波高% $\dfrac{\text{衰减 } \Delta_i \text{dB 后波高 } H_i}{\text{衰减 0dB 时波高 } H_0} \times 100\%$ （2）

理想相对波高 $\left(\dfrac{H_i}{H_0}\right)\% = 10^{\frac{\Delta_i}{20}} \times 100\%$ （3）

式中，$\Delta_i = -20\lg\dfrac{H_i}{H_0}$。

表 14-1　回波高度记录表

衰减量 Δ_i/dB			0	2	4	6	8	10	12	14	16	18	20	22
回波高度	实测	绝对波高 H_i	H_0											
		相对波高（%）	100											
	理想相对波高（%）		100											
	偏差（%）		0											

⑤ 计算垂直线性误差

$$D = (\,|\,d_1\,| + |\,d_2\,|\,) \times 100\% \qquad (4)$$

式中，d_1 为实测值与理想值的最大正偏差；d_2 为实测值与理想值的最大负偏差；ZBY 230—84 标准规定仪器的垂直线性误差不大于 8%。

3）动态范围的测试

① ［抑制］至"0"，［衰减器］保留 30dB。

② 探头置于图 14-1a 处，调［增益］使底波 B 达满幅度 100%。

③ 固定［增益］，记录这时衰减余量 N_1，调［衰减器］使底波 B_1 降至 1mm，记录这时的衰减余量 N_2。

④ 计算动态范围。

$$\Delta = N_2 - N_1\,(\mathrm{dB})$$

ZBY230—84 标准规定仪器的动态范围不小于 26dB。

4）盲区的测试

盲区的精确测定是在盲区试块上进行的，由于盲区试块加工困难。因此通常利用 CSK~ⅠA 或ⅡW 试块来估计盲区的范围。

① ［抑制］至"0"，其他旋钮位置适当。

② 将直探头置于图 14-2 所示的Ⅰ、Ⅱ处。

③ 调［增益］、［水平］等旋钮，观察始波后有无独立的回波。

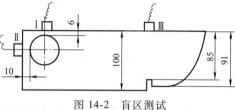

图 14-2　盲区测试

④ 盲区范围估计

探头置于Ⅰ处有独立回波，盲区小于 5mm。

探头置于Ⅰ处无独立回波，于Ⅱ处有独立回波，盲区为 5～10mm。

探头置于Ⅰ处无独立回波，盲区大于 10mm。

一般规定盲区不大于 7mm。

5）分辨力的测定（直探头）

① ［抑制］至"0"，其他旋钮位置适当。

② 探头置于图 14-3 所示的 CSA-IA 试块，前后左右移动探头，使荧光屏上出现声程为 85、91、100 的三个反射波 A、B、C。

③ 当 A、B、C 不能分开时，如图 14-4a 所示，分辨力 F_1 为

$$F_1 = (91-85)\frac{a}{a-b} = \frac{6a}{a-b}\;(\mathrm{mm})\;(5)$$

④ 当 A、B、C 能分开时，如图 14-4b 所示，分辨力 F_2 为

$$F_2 = (91-86)\frac{c}{a} = \frac{6c}{a} \qquad (6)$$

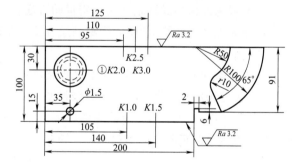
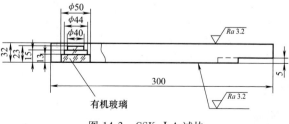

图 14-3　CSK-ⅠA 试块

一般规定分辨力不大于 6mm。

6）灵敏度余量的测试

① ［抑制］ 至 "0"，［增益］ 最大，［发射强度］ 至强。

② 连接探头，调节 ［衰减器］ 使仪器噪声电平为满幅度的 10%，记录此时 ［衰减器］的读数 N_1。

③ 探头置于图 14-5 所示的灵敏度余量试块上（200/φ1 平底孔试块），调 ［衰减器］ 使 φ1 平底孔回波达满幅度的 80%。这时 ［衰减器］ 读数为 N_2。

④ 计算灵敏度余量 $\Delta N = N_2 - N_1$。

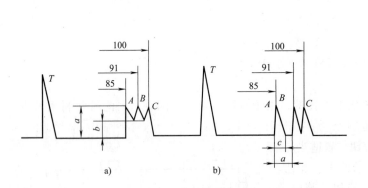

图 14-4　测分辨力波形

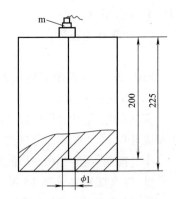

图 14-5　灵敏度余量试块

2. 纵波实用 AVG 曲线的测试与锻件探伤实验

（1）实训目的

1）掌握纵波探伤时扫描速度的调整方法。

2）掌握纵波探伤时灵敏度的调整方法。

3）掌握纵波探伤时缺陷定位、定量的方法。

4）掌握纵波平底孔 AVG 曲线的测绘方法，验证理论回波声压公式。

（2）原理

1）纵波发射声场与规则反射体的回波声压。超声振动所波及的部分介质称为超声场，超声场分为近场区和远场区。近场区波源轴线上的声压起伏变化，存在极大极小值，纵波声场的近场区长度 $N = 磁/4A$。至波源的距离大于近场区长度的区域称为远场区。远场区内波源轴线上声压随距离 X 增加单调减少，当 $X \geq 3N$ 时，声压与距离成反比，符合球面规律：

$$P = \frac{P_0 F_0}{\lambda x} \tag{7}$$

式中，P_0 为波源起始声压；F_0 为波源面积。

在实际探伤中，广泛采用单探头反射法探伤，波高与声压成正比。平底孔、大平底回波声压为

平底孔：
$$P_f = \frac{P_0 F_0 F_f}{\lambda^2 x^2} \quad (x \geq 3N) \tag{8}$$

大平底：
$$P_B = \frac{P_0 F_s}{2\lambda x} \quad (x \geqslant 3N) \tag{9}$$

式中，F_f 为平底孔面积，$F_f = \dfrac{\pi D_s^2}{4}$。

由式（8）得不同直径、不同距离的平底孔分贝差为

$$\Delta = 20\lg \frac{P_{f_1}}{P_{f_2}} = 40\lg \frac{D_{f_1} x_2}{D_{f_2} x_1} \text{（dB）} \tag{10}$$

由式（9）得不同距离大平底回波分贝差为

$$\Delta = 20\lg \frac{P_{B_1}}{P_{B_2}} = 20\lg \frac{x_2}{x_1} \text{（dB）} \tag{11}$$

由式（7）、式（8）可得，不同距离处大平底与平底孔回波分贝差为

$$\Delta = 20\lg \frac{P_B}{P_f} = 20\lg \frac{2\lambda x_f^2}{\pi D_f^2 x_B} \text{（dB）} \tag{12}$$

2）距离—波幅—当量曲线（AVG 曲线）。在超声波探伤中，自然缺陷的形状、性质和方向各不相同，回波相同的缺陷实际上往往相差很大，为此特引进"当量尺寸"来衡量缺陷的大小。在相同探测条件下，当自然缺陷与某形状规则的人工缺陷回波等高时，则该人工缺陷的尺寸就为此自然缺陷的当量尺寸。

描述规则反射体的距离、波幅、当量大小之间的关系曲线称为距离—波幅—当量曲线，德文为 AVG 曲线，英文为 DGS 曲线。AVG 曲线常见形式为横坐标表示反射体至波源的距离，纵坐标表示反射体回波相对于基准波高的分贝差。每一条曲线对应于一种当量尺寸的规则反射体的回波高随距离而变化的规律。

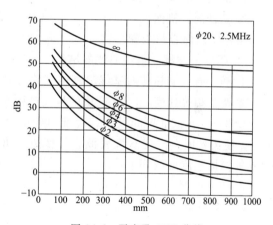

图 14-6　平底孔 AVG 曲线

纵波平底孔 AVG 曲线如图 14-6 所示，图中 $X \geqslant 3N$ 范围内的曲线可以通过实测 CS-2 试块得到，也可以通过理论计算式（10）、式（11）、式（12）得到。但 $X < 3N$ 区域的曲线只能通过实测 CS-2 试块得到。

利用 AVG 曲线可以对缺陷定量和调节探伤灵敏度。

3）扫描速度与探伤灵敏度

① 扫描速度　仪器荧光屏上的水平刻度值 dB 与实际声程之间的比例关系称为扫描速度。例如扫描速度 1∶2，表示荧光屏上水平刻度值 1 代表实际声程 2mm。探伤前调整扫描速度是为了在规定的范围内发现缺陷并对缺陷定位。调整扫描速度，是以两次不同声程的反射波分别对准相应的水平刻度值来实现的。

② 探伤灵敏度　灵敏度是指发现最小缺陷的能力，探伤灵敏度是通过调节仪器的灵敏度旋钮来调节仪器输出功率，使探伤系统在规定的距离范围内正好能发现规定大小的缺陷。

探伤前调节探伤灵敏度是为了发现规定大小的缺陷，并对缺陷进行定量。探伤灵敏度可以利用工件底波或试块来调节。

4）缺陷定位和定量

① 定位。工件中缺陷的位置可以根据荧光屏上缺陷波前沿所对的刻度值和扫描速度来确定。设扫描速度为 $1:n$，缺陷波所对读数为 τ_f，则缺陷至探头距离为

$$\chi_f = n \cdot \tau_f \tag{13}$$

例如扫描速度为 $1:2$，缺陷波水平刻度值 $\tau_f = 25$，则工件中缺陷至探头的距离 $\chi_f = 2 \times 25mm = 50mm$。

② 定量。超声波探伤中，对缺陷定量的常用方法有当量法和测长法。

当量法包括当量试块比较法、当量计算法、当量 AVG 曲线法等。当量法适用于尺寸小于波束截面的较小缺陷定量。

测长法包括半波高度法、端点半波高度法等。测长法适用于大于波束截面的缺陷定量。

在锻件纵波探伤中，常用当量计算法对缺陷定量。先测定缺陷的距离 χ_f 和缺陷相对波高的 dB 数，然后代入式（10）、式（11）来计算缺陷的当量尺寸。

（3）实训用品

① 仪器：CTS-23。

② 探头：2.5P20Z 或 2.5P14Z。

③ 试块：CSK-ⅠA，ⅡW，CS-2 等。

④ 耦合剂：机油。

（4）实训内容与步骤

1）距离—波幅—当量曲线的测绘

① 调节有关旋钮使时基线清晰明亮并与水平刻度线重合。

② 调整扫描速度。CS-2 试块的最大声程为 525mm，故仪器按 $1:6$ 调整扫描速度。探头置于 CSK—ⅠA 或 ⅡW 试块上，对准 100mm 平底面，调 [深度]、[脉冲移位]、[增益] 等旋钮，使荧光屏上出现 6 次底波，并使 B_3、B_6 分别对准水平刻度 5.0 和 10.0，这时仪器 $1:6$ 的扫描速度就调好了。

③ 调灵敏度（起始灵敏度）

a. [衰减器] 位置的确定。一般以使最低反射波达规定高时衰减量尽可能小为原则。这里统一以 $500/\phi2$ 为 0dB 作为起始灵敏度。500mm 处其他平底孔回波高由 $\Delta - 40\lg\dfrac{\lambda x}{2\pi}$ 等确定。500mm 处大平底回波高由 $\Delta - 20\lg$ 等确定，具体参见表 14-2。

b. 调节方法。探头对准声程最大的 CS-2 试块中心，找到规则反射体最高反射波。衰减表 14-2 中对应的 dB 数，调 [增益] 使规则反射体最高回波达基准（50%）高。然后使 [衰减器] 增益 ΔdB，这对起始灵敏度调好，即 500mm 处 $\phi2$ 平底回波正好达 60% 高。

表 14-2 起始灵敏度调节衰减表

规则反射体尺寸	$\phi2$	$\phi3$	$\phi4$	$\phi6$	$\phi8$	∞
与 $\phi2$ 平底孔分贝差	0	7	12	19	24	45

④ 测试　固定 [增益]，探头置于不同厚度的试块上，前后、左右移动探头，找到规则反

射体的最高回波，调［衰减器］使各回波达 60% 高，记录相应 dB 值填入表 14-3。对于 3N 以外的点也可用理论计算式（10）、式（11）、式（12）推算得到，但 3N 以内必须实测。

⑤ 绘制曲线 以距离 χ 为横坐标，相对波高（dB）为纵坐标，在坐标纸上根据表 14-3 中列出的数据绘制平底孔 AVG 曲线。图中应注明探测条件，例如探头的频率和直径。

表 14-3 测试记录表

距离 χ							
平底孔波高 dB	$\phi2$						
	$\phi3$						
	$\phi4$						
	$\phi6$						
	$\phi8$						
大平底波高 dB							

2）调探伤灵敏度

① 计算 由理论计算式（10）确定最大声程处，大径底与 $\phi2$ 平底孔的分贝差 Δ 为：

$$\Delta = 20\lg\frac{P_B}{P_n} = 20\lg\frac{\lambda x}{2\pi} \quad (\text{Db}) \tag{14}$$

分贝差 Δ 也可从表 14-3 所列数据查到。

② 探头对准锻件大平底，［衰减器］衰减 ΔdB，调［增益］使底波 B_1 达基准（60%）高，然后用（衰减器）增益 ΔdB。至此，$\phi2$ 探伤灵敏度调好。

③ 扫查探测 固定（增益），探头在探测面上扫查探测。发现缺陷后，前后左右移动探头找到最高回波，并用［衰减器］调至基准高，记录缺陷波前沿正对的水平刻度值 τ_f 和缺陷波达基准高（60%）时［衰减器］对应的 dB 值。

④ 缺陷定位 设扫描速度为 d：n，则缺陷至探测面的距离：$\chi_f = n\tau_f$（mm）

⑤ 缺陷定量 根据缺陷的距离 χ_f 和缺陷波与最大声程处 $\phi2$ 平底孔的分贝差 Δ（即［衰减器］所对应 dB 值）确定其当量尺寸：

$$\Delta = 20\lg\frac{P_{f_1}}{P_{f_2}} = 40\lg\frac{D_{f_1}x_2}{2x_1} \tag{15}$$

也可根据 AVG 曲线来确定缺陷的当量尺寸。

十五、零件形位误差测量实验指导

一、实训目的

1. 熟悉测量中常用量具和工具，掌握其使用方法。

2. 了解平面度、平行度、垂直度、圆跳动等形状公差和位置公差的含义及误差测量方法。

3. 了解几种装夹方法对定位精度的影响。

二、实训内容及安排

1. 在平板上测量支架零件的轴承孔尺寸、平面度、平行度和垂直度误差。

2. 在偏摆仪上测量支撑套零件的圆跳动误差。

3. 4人为一组，每两人为一小组，轮换选1、2两项内容的测量。

三、实训用具及主要测量工具的使用方法

支架零件测量用具：标准平板、方箱、万能表座、直角尺、刀口尺、塞尺、外径百分尺、百分表、气缸规、钢直尺各一件，圆柱心轴两根。

支撑套零件测量用具：偏摆仪一台、百分表一块、锥度心轴两根。

另有擦拭量仪的棉丝和防锈油若干。

（1）标准平板 测量用标准平板的结构和形状，其测量平面是刮削出来的，有很高的精度，常用它作为基准平面来测量其他有形位公差要求的表面。

（2）方箱 方箱是一空心的六面体，常作为划线工具使用，精密方箱作为测量工具使用。工件用压头压紧，通过方箱在平板上翻转，可以测量工件上关联要素的平行度和垂直度误差。

（3）偏摆仪 偏摆仪主要用于检验零件的径向圆跳动和端面团跳动，其外形及组成如实物所示。测量时，首先拧紧顶尖座上的偏心轴手把，将死顶尖在仪座上固定。按所测轴的长度（测量盘套零件时指心轴长度）将弹簧顶尖（如实物所示活顶尖座）固定在合适位置，压下球头浮柄用两顶尖顶住轴中心孔，然后拧紧紧定手把，将顶尖固定。移动表架座，通过安装在表架座上的百分表即可进行径向圆跳动和端面圆跳动的测量。

四、支架零件测量内容和步骤

支架零件如图15-1所示，图中只注明与实验有关的技术要求。

1. 测量内容

1）C孔和心轴的实际尺寸；

2）A面的平面度（许回不许凸）；

3）支架顶面对A面的平行度；

4）C孔轴线对A面的平行度；

5）B面对A面的垂直度；

6）C孔轴线对B面垂直度。

2. 实训步骤

1）用棉丝沾少量汽油，擦净平板平面、方箱、直角尺、工件等。

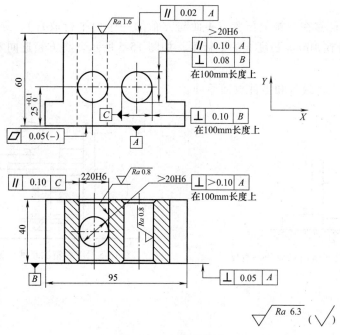

图 15-1　支架零件图

2）用外径百分尺校准汽缸规（又名内径百分表，亦可用标准 $\phi20$ 的环规校准），指针指零，然后测量 C 孔径。用外径百分尺测量心轴尺寸，各测三次，取平均值。

3）用刀口尺靠在 A 平面上，用塞尺测量其间隙。在几个方向上测量，其最大间隙为 A 面的平面度误差（测量时应注意不要把塞尺折成死弯，以免损坏塞尺）。

4）把支架、百分表架轻放在平板上，装上百分表，使百分表测量头触及支架顶面，压下测量头约 1mm（即表针转一周）。移动表架使测量头沿交叉方向往复于顶面上（图 15-2），测出最高点及最低点，两读数之差值即为顶面相对于 A 面的平行度误差值（两同学可各测一次）。

5）把擦净的圆柱心轴轻推入支架 C 孔中，两端伸出量约相等。使百分表测量头位于支架侧面 30mm 处的心轴上侧母线，压下测量均 1mm，记下指针读数值。再测心轴另一端距支架侧面约 30mm 处的上侧母线，其差值 Δ 即为 C 孔轴线相对于底平面 A 在 100mm 长度上的平行度误差，如图 15-3 所示。

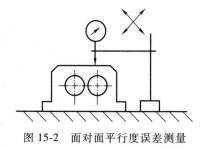

图 15-2　面对面平行度误差测量

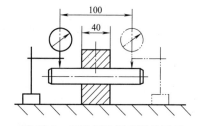

图 15-3　线对面平行度误差测量

6）将直角尺的宽边放在平板上，直角尺的窄边与 B 面接触。用塞尺测量直角尺的窄边与 B 面的间隙。在 B 面的几个位置上测量，其最大间隙为 B 面与 A 面的垂直度误差，如图

15-4 所示。

7）把支架 B 面靠在方箱上压紧（A 面与方箱的一个面平行放置），穿入心轴，用百分表测量心轴与平板在 10mm 长度上的平行度，如图 15-5 所示。将方箱连同零件旋转 90°，再测一次。

8）测试完毕，将量具和零件放回原处。

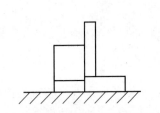

图 15-4　用直角尺测量面对面的垂直度

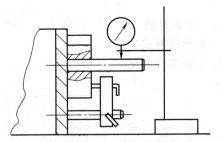

图 15-5　用方箱测量线对面的垂直度

十六、便携式三坐标测量仪（无触点）测量实验指导

一、实训目的

1. 熟悉便携式三坐标测量仪，掌握其使用方法。

2. 了解零件的尺寸和平面度、平行度、垂直度等形状公差和位置公差的含义及误差测量方法。

二、实训内容及安排

1. 在便携式三坐标测量仪测量支架零件的轴承孔尺寸，平面度、平行度和垂直度误差。

2. 在便携式三坐标测量仪测量支架零件的轴承孔平面度、平行度和垂直度误差。

3. 每两人为一小组，轮换选 1、2 两项内容的测量。

三、实训用具及主要测量工具的使用方法

1. 擦拭量仪的棉丝和防锈油若干。

2. 标准平板。测量用标准平板的结构和形状如实物所示，其测量平面是刮削出来的，具有很高的精度，常用它作为基准平面来测量其他有形位公差要求的表面。

3. 便携式三坐标测量仪

4. 支架零件一个

四、便携式三坐标测量仪的组成、工艺特点和操作步骤介绍（由指导教师课堂讲授）

五、支架零件测量内容和步骤

支架零件如图 16-1 所示，图中只注明与实验有关的技术要求。

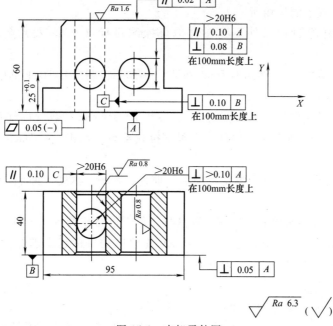

图 16-1　支架零件图

1. 测量内容

（1）C 孔和心轴的实际尺寸。

（2）A 面的平面度（许凹不许凸）。

（3）支架顶面对 A 面的平行度。

（4）C 孔轴线对 A 面的平行度。

（5）B 面对 A 面的垂直度。

（6）C 孔轴线对 B 面垂直度。

2. 实训步骤

（1）用棉丝沾少量汽油，擦净平板和零件

（2）三维坐标仪的零部件连接系统连接

1）树立三脚架，将 C-Track 和三脚架装配，确保三脚架拧紧。

2）用 FireWire 电缆将 C-Track 和控制器连接。

3）用控制器电源把控制器和电源插座连接。

4）将电脑装配好并用电脑电源把电脑与电源连接，并把 USB 适配器配到电脑上，打开电脑。

5）用以太网电缆将电脑和控制器连接。

6）在设置过程中，确保灯光或阳光不要直射到摄像头。

7）确保其他所有部件接入后，打开控制器电源，起动控制器，等待控制器显示"Ready"后再进行后续操作。

（3）校准 C-Ttack　因为 Handy PROBE 是高精度测量工具。主要由于温度或压力变化等环境变化，在测量过程中校准可能受到影响，这将造成 C-Ttack 的修改，即使在正常使用过程中（每次使用的环境都相同且稳定），也必须常校准 C-Ttack。该设备使用校准杆来补偿这些更改。

1）将 C-Ttack 置于测试场所。

2）确保校准杆除目标以外不存在其他可探测目标（小型/发光金属可能成为探测目标）。

3）确保校准杆的目标始终和 C-Ttack 垂直，例如不应朝向 C-Ttack 的中心。

4）检查标校日期。

5）在软件界面 LX 图标处右击［打开］，等待 LXelemend 加热（由红条变为绿条）。

6）右击 LXelemend 视窗中空白处，出现下拉式菜单，右击［C-Ttack］，右击［开始］，准备。

7）4 种采集顺序，覆盖 3 个测量范围轴：垂直、水平、深度（两个方向）。

8）保存校准。

9）注意：刻度尺为易碎品；应在实际测量条件下进行校准（+/-2oc）；C-Ttack 摄像头不应直接面向太阳放置；在校准过程中 C-Ttack 能感应的目标越小越好；C-Ttack 的校准值必须始终保持恒定（理想值小于 0.040mm）。

（4）校验探测器（反射器）

1）面向电脑屏面，摁下 H cndyPUBR 的中间按钮；

2）右击［工具栏］图标，右击<测量设备><设备连接>，右击<连接>；

3）添加探测器。

① 右击 LXelemend 视窗中空白处，出现下拉式菜单，在菜单中右击添加探测器，在 LX-elemend 中出现测头视窗，在选择栏中，为探测器命名，选择测头直径，然后单击"确定"。

② 单击新添加探测器名称，出现下拉式菜单，点击"校准"。

4）将探测器放在校准钎焊钎合锥中，确定探测器"锁定"到位并处于正确位置，通过观察屏幕左侧的接近刻度来确定探测器（Handy PROBR）和 C-Troct 之间的最佳距离，（最佳距离为 2.1m）（内绿色矩形表示）。

5）单击窗口中心（Stcek 开始）或按探测器的中间线启动校准顺序。

6）遵循屏幕上显示的步骤进行即可，可以通过窗口底部的绿色条查看校准进度，如果精度确定符合要求，保存校正。

7）注意必须根据规定跟随探测器的正方向，并确保将探测器"锁定"到位并放于锥体中的正确位置。

8）在动态模式中校准探测器（略）。

9）注意探测器装置要轻拿轻放。

（5）在 VL 中显现零件坐标

产生检测运行状态文件时，Power INSPECT 自动产生两个坐标。

1）测量设备基准（Machine Datum）是 3D 坐标测量设备的 X0、Y0，Z0。

2）PCSD 基准（Part Coordinote Stystem Datum）即零件坐标等基准，它是 CAD 模型的 X0、Y0、Z0。

在建立零件坐标时，应先调整好侦测标点与 Power INSPECT 的距离，使侦测标点显示在视频上。

右击 VX，出现下控式菜单，在菜单中右击"侦测标点"，用线框把侦测标点（不多于 4 个）框进，在侦测标点栏中侦测标点的数据显示后右击"接受"。产生零件坐标等基准。

（6）产生新的检测运行状态文件。

1）产生新的检测运行状态文件。

① 右击<Deleam Pcwer>弹出，右击<要开>。

② 左击新的文档向导<□>，打开新的检测运行状态对话框；

③ 右击选取使用单个 CAD 零件测量，然后右击<下一步>；

④ 右击新的装载 DemoBlock2008（CMM+Arm）dgk；

⑤ 保留缺省的偏值和公差设置，然后右击选取下一步；

⑥ 在变量对准视窗中浏览并选取测量一个 HTML 报告模柜，点击完成，于是产生新的检测运行状态文件。

2）选取几何特征。开始对齐定位前，需要知道平面、直线和点对齐到什么地方。这些元素由哪些因素决定。

对任何平面对齐定位而言，对齐定位元素的覆盖区域越大，结果越精确，由于此模型的底面平坦，全部模型平面都小，为此，使用工作台来定义平面。

直线可通过矩形边（被测过的直线）或已测量特征的连接或相交定义，在这个范例中，将使用零件上两个已测量圆的圆在 X 方向定义。几何 PLP 对齐定位中直线必须东轴向。

点由于已经定义圆，为此可将其中一个圆的圆心位置用作点测量。

3）定义几何元素。选取用来进行对齐定位的特征后，下面就来定义要探测的几何元素。

① 左击<几何工具组>图标，再单击<接受>；

② 在上下文相关工具栏中，单击选取<线检查器>。

③ 将光标移动到第一个圆1，如果显示为黄色，表示它可被选取，单击并选取它，变为红色。

④ 在几何浏览器标签中，从链接到下控列表中，单击选取<新的探测平面>，然后单击<V>确定，Power IN SPECT 即产生一几何组并将这个新的探测平面和探测圆增加到探测次序。

⑤ 将光标移动到第二个圆，如果显示为黄色，表示它可被选取，单击并选取它，变为红色。

⑥ 在几何浏览器中，从链接到下控制表中，单击选取<新的探测平面>，然后单击<V>确定。将第二个圆增加到探测程序；

⑦ 单击<直线按钮>，显示直线弹出菜单；

⑧ 单击<直线>和<两点>按钮，显示直线两点对话视窗，按以下设置参考点。

a. 参考点1—圆1：中心

b. 参考点2—圆2：中心

⑨ 单击<增加>，增加直线到检测次序。

（7）探测几何元素　几何元素产生完毕且零件固定到工作台下，就可以开始探测。

单击主工具栏的<运行全部>（也可右击检测次序中的任何几何元素，从弹出菜单中选取<运行全部选项>）。

1）第一个特征探测对话视窗出现在屏幕，提示用户定义该特征所需的最少探测点数，建立第一个平面。

① 使用工作台作为平面曲面，在零件上测取3点（三点不在同一直线上）建立第一平面。

② 测取至少3个点后（随着每个点的测取，对话视窗右上角的计数器显示出已测取的点数，测取完毕所需的最少点数后，计数器的背景颜色由红色变为绿色），检查点的数值是否正确，数值正确后，点击探测器的左边的按钮<√>，确定保存。如果数值不正确，点击探测器的右边的按钮<x>，消去所有点，重新探测。

2）第二个特征探测方框出现在屏幕。如果启用了自动接受√，PowerINSPECT 将在测取完毕所需的最少点数后会自动保存测量。PowerINSPECT 随即运行检测次序中的下一几何元素。第二个特征探测方框出现在屏幕，提示用户定义圆1所需的最少点数（然而，对圆来说最好是测取4点，即相对于北、东、南和西位置。这样可更方便地放置测头，使点的分布也更均匀。）

在圆1中测取4个点（随着每个点的测取，对话视窗右上角的计数器显示出已测取的点数，测取完毕所需的最少点数后，计数器的背景颜色由红色变为绿色），检查点的数值是否正确，数值正确后，单击探测器的左边的按钮<√>确定保存。如果数值不正确，单击探测器的右边的按钮<x>，消去所有点，重新探测。测取后这些点会突出显示在屏幕上的CAD模型。

3）第三个特征探测方框出现在屏幕。在零件上测取 3 点（三点不在同一直线上）建立第二平面。

① 使用工作台作为平面曲面，在零件上测取 3 点（三点不在同一直线上）建立第一平面。

② 测取至少 3 个点后（随着每个点的测取，对话视窗右上角的计数器显示出了已测取的点数，测取完所需的最少点数后，计数器的背景颜色由红色变为绿色），检查点的数值是否正确，数值正确后，点击探测器的左边的按钮<√>，确定保存。如果数值不正确，点击探测器的右边的按钮<x>，消去所有点，重新探测。

4）第四个特征探测方框出现在屏幕　在圆 2 中测取 4 个点（随着每个点的测取，对话视窗右上角的计数器显示出了已测取的点数，测取完毕所需的最少点数后，计数器的背景颜色由红色变为绿色），检查点的数值是否正确，数值正确后，单击探测器的左边的按钮<√>确定保存。如果数值不正确，点击探测器的右边的按钮<x>，消去所有点，重新探测。测取后这些点会突出显示在屏幕上的 CAD 模型。

测量完毕全部元素后，次序树随即更新，原来几何元素中的叉号全部消失。

值得注意的是我们还未探测直线，但叉号消失了。这是因为两个圆心定位了直线，而已经探测了 2 个圆，因此它们已经满足测量条件。

（8）对齐定位

1）意义。通过零件或部件的对齐定位，Power INSPECT 可匹配 CAD 模型和（或）设备基准的相对位置和方向。

2）对齐定位的类型

① 几何 PLP 对齐定位。几何 PLP 对齐定位是一种基于物理平面 Plane、直线 Line 和点 Point（PLP）位置关系，以及 X、Y、和 Z 定义的 CAD 定义坐标的对齐定位，几何 PLP 对齐定位直接使用 CAD 名义值，因此它被认为是一个更精确的对齐定位（和自由形状对齐定位相比），同时也是一种相对简单和容易理解的对齐定位方法。

② 自由形状对齐定位。自由形状对齐定位，因为它的精度很大程度取决于操作者的检测水平，因此被认为是相对不精确的对齐定位法，但它时常是在没有已知 CAD 数据可清晰定义特征的情况下（例如平坦平面）的唯一选择。

③ RPS（参考点平流）对齐定位。RPS（参考点平流）对齐定位作为一项对齐技术，它处于自由形状对齐定位和几何体对齐定位之间，结合了这两项技术的优点，可接受几何定位数据和曲面点数据。

3）几何 PLP 对齐定位的操作

① 单击<返回>按钮，退出几何测量组。

② 单击<对齐图标>，单击<几何 PLP 图标>，出现一对话视窗，选直线 1，单击"接受"。

（9）检测

1）检测的内容

① 曲面检测点——实时点。

② 曲面查看组——边缘点。

③ 曲面检测组——卷边点。

④ 曲面检测组——导点。

⑤ 截面检测简介。

⑥ 几何特征检测（使用线检查器）。

⑦ 简单测量。

⑧ 自动提取、自动探测和自动连接。

2）简单测量（两平面距离）。简单测量提供了一种快捷、简便的几何 PLP 对齐定位和测量特征间距离的方法，通过它，PowerINSPECT 可自动产生并运行需要产生的全部几何元素，这样可立即进行测量。产生简单测量（两平面距离）的操作：

① 单击几何元素工具栏中的简单测量按钮，出现简单测量视窗口。

② 单击其中两平面距离的图标，出现平面向距离视窗。

③ 探测零件上面的平面，至少 4 个点，查看是否合格，合格按探测器左键。

④ 同上步操作探测另一平面合格。

3）曲面测量

① 单击几何元素工具栏中的曲面检测组图标，产生一新的曲面检测组。于是曲面检测组表格出现在屏幕。

② 单击"接受"。

③ 选取次序树中的检测组，然后单击主工具栏中的<运行几何元素>，于是<实时曲面点>对话视窗出现在屏幕。

④ 在曲面上探测大于 6 个的点，单击"接受"。

4）单击"标签模式"标签，弹出检测结果。

5）输出报告

① 在软件界面上，单击"文件"，点击<输出>，出现菜单，点击<报告>，出现选择图框，输入保存区域（作面），输入报告名称，点击"保存"，退出。

② 点击作面上的<文件名称>，报告输出。

下篇

实训报告

一、车工实训报告

1. 车工实训报告（一）

填交日期： 年 月 日

专业及班级		学号		姓名		成绩	

一、填写下列车床型号各组成数字及字母的含义。

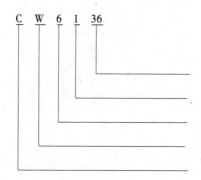

C W 6 1 36

二、写出下列卧式车床示意图所指部分的名称及作用。

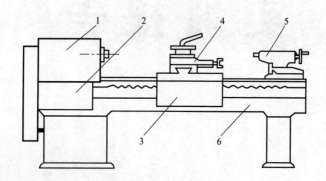

1. _____

2. _____

3. _____

4. _____

5. _____

6. _____

三、在车床上进行加工时，它的加工范围有：_____、_____、_____、_____、_____、_____、_____、_____、_____、_____、_____、_____、_____。

四、车削加工中加工精度一般可达 IT _____级，表面粗糙度参数 Ra 为_____ μm。

五、简述车工安全技术规程。

六、车削用量三要素是什么？如何在车床上进行调整？

七、叙述车削的工作步骤及注意事项。

签名		批阅日期		年	月	日

2. 车工实训报告（二）

填交日期：　　年　月　日

专业及班级		学号		姓名		成绩	

一、填空。

1. 常用车刀种类有_____、_____、_____、_____、_____、_____和_____，_____，它由_____、_____、_____面_____刃、和_____尖组成，车刀的主要角度为_____角、_____角、_____角、_____角和_____角。

*2. 粗车是_____是机械加工，粗车可以达到的尺寸精度为_____，表面粗糙度 Ra 值为_____。粗车时车刀应选取较小的_____角、_____角和_____刃倾角。

*3. 精车是_____的加工，精车可达到的尺寸精度为_____，表面粗糙度 Ra 值为_____，精车时车刀应选取较大的_____角、_____角和_____刃倾角，刀尖要磨出_____，切削刃要_____、_____。

*4. 外圆车削时尖刀用于_____，弯头刀不仅可用于_____，且可车_____；偏刀用于车_____；车外圆时应注意：①_____，②_____，③_____。

5. 刀具材料应具备的性能：_____、_____、_____和_____。

6. 常用的刀具材料有：_____、_____、_____和_____。

*二、简述车刀的主要角度的作用。

三、简述车刀的刃磨方法及其安装时的注意事项。

四、将车床常用附件的名称、应用范围填在下表内。

序号	附件名称	应用范围
1		
2		
3		
4		
5		
6		
7		

五、简述盘类、轴类零件在车床加工时的装夹方法。

签名		批阅日期		年 月 日

3. 车工实训报告（三）

填交日期：　　　年　月　日

专业及班级		学号		姓名		成绩	

一、填空。

1. 车端面时，用右偏刀由中心向外车端面，主切削刃切削，切削条件较好，不会出现_____；用左偏刀由外向中心车端面，用_____刃切削；用弯头车刀由外向中心车端面，主切削刃切削，凸台逐渐车掉，切削条件_____，加工质量_____；车端面的操作要领：①_____，②_____。

2. 车台阶应使用_____刀，车低台阶（<5mm）时，应使车刀主切削刃_____于工件的_____，台阶可一次车出，车高台阶（≥5mm）时，应使车刀主切削刃与工件轴线约成_____角，分层进行车削，最后一次纵向车后，车刀_____退出，车出90°台阶。

3. 在车床上进行孔加工的方法有_____、_____、_____和_____。

4. 在车床上钻孔的精度一般可达_____，表面粗糙度 Ra 值可达_____；镗孔的精度一般可达_____，表面粗糙度 Ra 值可达_____，精细镗削可达_____以上。

5. 在车床上，直柄麻花钻可用_____装夹，再利用_____的锥柄插入车床的_____内；锥柄麻花钻可直接插入车床_____内，或用_____过渡；如果自动进给，就必须把钻头装在_____上，直柄钻头可用_____安装在_____上，锥柄钻头可用_____安装。

6. 在车床上镗通孔用_____刀，镗不通孔用_____刀，切槽用_____刀。

二、简述拉伸试件的加工过程及操作方法（含装夹，使用刀具、量具）。

三、简述 M30 螺母内孔的加工过程及操作方法（含装夹，使用刀具、量具）。

签名		批阅日期			年　　月　　日	

*4. 车工实训报告（四）

专业及班级		学号		姓名		成绩	

一、填空。

1. 切槽刀＿＿＿＿为主切削刃，＿＿＿＿为副切削刃，其主切削刃＿＿＿＿，刀头＿＿＿＿；切槽与切断都是以＿＿＿＿进给为主；切窄槽，主切削刃宽度＿＿＿＿槽宽，横向进给一次将槽切出；切宽槽，主切削刃宽度＿＿＿＿槽宽，分几次＿＿＿＿进给，切出槽宽，切出槽宽后，纵向进给车槽底，宽槽切完。

2. 切断时，切断处应靠近＿＿＿＿卡盘，以免引起＿＿＿＿振动，安装切断刀时，刀尖要对准工件＿＿＿＿、刀杆不能伸出＿＿＿＿，切削要＿＿＿＿，快切断时，应放慢＿＿＿＿，以防刀头折断。

3. 车锥度的方法有＿＿＿＿法、＿＿＿＿法、＿＿＿＿法和＿＿＿＿法四种；＿＿＿＿法适于车削内、外任意角度的短圆锥面，而且操作简单，但只能＿＿＿＿进给，劳动强度大；＿＿＿＿＿＿＿＿法适于车削锥角较小（α＜8°）的外锥面长锥体，加工质量较高。

4. 车削成形面的方法有＿＿＿＿＿＿＿＿法、＿＿＿＿＿＿＿＿法和＿＿＿＿＿＿＿＿法、＿＿＿＿＿＿＿＿法是手控成形，双手操纵中、小溜板手柄，同时＿＿＿＿、＿＿＿＿向进给，对工人技术熟练程度要求＿＿＿＿，生产效率＿＿＿＿；＿＿＿＿＿＿＿＿法加工工件尺寸不变＿＿＿＿，可采用＿＿＿＿进法，生产效率较＿＿＿＿，加工精度＿＿＿＿；＿＿＿＿＿＿＿＿法只作横向进给，只限于加工＿＿＿＿工件，生产效率＿＿＿＿，可用于＿＿＿＿生产。

5. 锥度计算公式为＿＿＿＿＿＿＿＿；其中＿＿＿＿为大端直径，＿＿＿＿为小端直径，＿＿＿＿为锥体部分长度，＿＿＿＿为斜角，＿＿＿＿为锥角。

6. 螺纹按牙型可分为＿＿＿＿＿＿＿＿、＿＿＿＿＿＿＿＿和＿＿＿＿等，其中以＿＿＿＿＿＿＿＿应用最广。

7. 车螺纹时，为了获得准确的螺距，必须用＿＿＿＿带动刀架进给，使工件每转一周，刀具移动的距离恰好等于工件的＿＿＿＿，更换＿＿＿＿和改变＿＿＿＿手柄位置，即可改变丝杆的转速，从而车出不同＿＿＿＿的螺纹，主轴与丝杆是通过＿＿＿＿＿＿＿＿、＿＿＿＿和＿＿＿＿箱连接起来的，通过调整＿＿＿＿＿＿＿＿的啮合位置，可车削＿＿＿＿旋或＿＿＿＿旋螺纹，当＿＿＿＿＿＿＿＿时，可任意打开对开螺母，不会乱扣，当＿＿＿＿＿＿＿＿时，均不能打开开合螺母，否则将发生＿＿＿＿＿＿＿＿。

8. 车螺纹的进刀方法有＿＿＿＿＿＿＿＿法和＿＿＿＿＿＿＿＿法。＿＿＿＿法用中溜板横向进给，两刀刃和刀尖同时参加切削。此法操作方便，能保证＿＿＿＿精度，但车刀受力＿＿＿＿，散热＿＿＿＿，排屑＿＿＿＿，刀尖容易磨损，只适用车削滑＿＿＿＿材料，＿＿＿＿螺距或最后精车；＿＿＿＿＿＿＿＿中溜板横向进给和小滑板纵向进给相配合，使车刀基本上只有＿＿＿＿＿＿＿＿个切削刃参加切削，车刀受力小，散热、排屑有改善，可提高生产效率，此法适用于＿＿＿＿材料和＿＿＿＿的粗车。

9. 三角螺纹测量常用的量具是＿＿＿＿和＿＿＿＿。

10. 螺纹车刀的刀尖角 ε_r 必须与＿＿＿＿＿＿＿＿＿相等，刃磨后用＿＿＿＿＿＿＿＿＿修光，螺纹车刀前角 r_0 =＿＿＿＿＿＿。安装车刀时，车刀刀尖必须与＿＿＿＿＿＿＿＿＿＿＿等高。调整时，用＿＿＿＿＿＿＿＿＿＿＿＿＿进行对刀，保证刀尖 ε_r 的等分线严格的＿＿＿＿＿＿＿＿＿＿＿＿于工件的轴线。

二、简述球面的车削加工方法及操作过程。

三、简述锥面的车削加工方法及操作过程。

四、简述车外螺纹的操作步骤。

五、对下表中工艺性差的零件结构进行改进。

序号	零件工艺性差的结构	改进后的结构	改进理由
1			
2			
3			
4			

签名		批阅日期		年　　月　　日

5. 钻、镗削加工实训报告

填交日期：　　年　月　日

专业及班级		学号		姓名		成绩	

一、简要说明以下各机床的主要组成及应用范围。

1. 台式钻床；　　　　　　　　　　　2. 卧式镗床。

二、说明钻削及镗削时的主运动、进给运动。

三、分别说明在钻床、镗床上能完成哪些工作。

四、说明麻花钻工作部分的构成及各部分的几何形状与作用。

五、说明扩孔钻、铰刀的主要结构特点。

六、说明在钻床上进行钻孔、扩孔、铰孔及在镗床上进行孔加工所能达到的尺寸精度、表面粗糙度要求。

七、钻床上常用附件主要有哪些？各起什么作用？

八、以实训操作件（锤子）为例，说明钻孔的过程（含钻孔前的准备工作）及注意事项。

九、铰孔时应注意哪些问题？

签名		批阅日期		年 月 日

二、铣削实训报告

填交日期：　　　年　月　日

专业及班级		学号		姓名		成绩	

一、按图示编号填表并在图上标注运动部件的运动方向。

序号	名　称	作　用
1		
4		
5		
8		
10		
11		

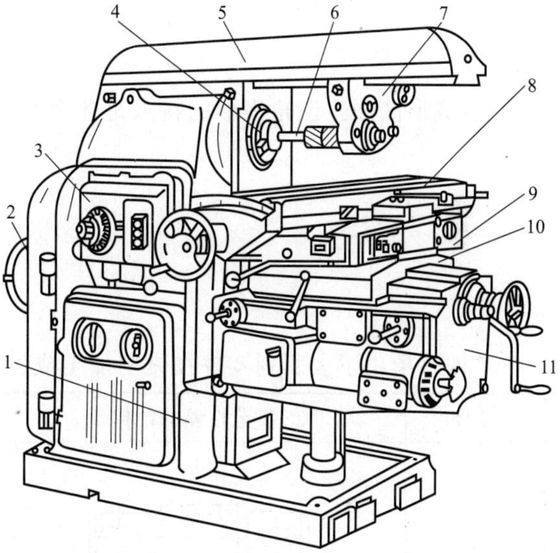

二、填空。

1. X6132 铣床的主运动是_____，一般加工精度可达_____，表面粗糙度可达_____，进给运动传动链的功能是_____
_____和_____。

2. 铣刀是一种_____刀具，按安装方法可分为_____和_____；铣水平面用_____或_____铣刀，铣敞开式键槽用_____铣刀，铣 T 形槽等特形沟槽则用各自相应的_____铣刀。

3. FW250 是_____型号之一，其主轴可随同_____在垂直平面内转动_____，在铣削中若铣 15 等分零件，每次分度可在_____的分度盘内摇过_____圈加_____个孔矩，调整分度叉夹角时应使其夹_____个孔，其中_____孔是供分度定注销_____用。

4. 铣平面时，根据铣床与铣刀条件不同有_____和_____之分；使用圆柱铣刀铣平面时根据铣刀旋转方向与工件进给方向的异同又有_____和_____之分；铣键槽时的对刀方法有_____、_____、_____和_____等。

5. 齿轮齿形的切削加工方法按原理不同可分为_____和_____，滚齿加工是_____，生产率_____，加工精度达_____级，齿面粗糙度可达_____。

6. 插齿加工必须具有如下运动_____、_____、_____、_____和_____。

三、问答题。

1. 简述圆柱铣刀和端铣刀的安装方法。

2. 成形法加工齿轮齿形的特点是什么?

* 四、指出下表所列零件在铣削加工或齿轮加工中不合理的结构部位并予以改正。

序号	工艺性差的结构	改进后的结构	改正理由
1			
2			
3			
签名	批阅日期		年　月　日

三、刨削实训报告

填交日期：　　　年　月　日

专业及班级		学号		姓名		成绩	

一、注明下图引线所指各部分的名称和作用。

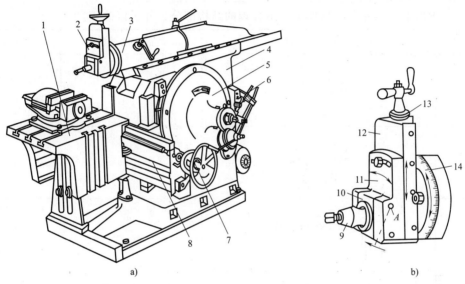

a)　　　　　　　　　　　　　　　b)

序号	名　　称	作　　用
1		
2		
3		
4		
5		
6		
7		
8		
9		
10		
11		
12		
13		
14		

二、填空。

1. 刨削主要用于加工_____、_____和_____。

2. 刨削加工尺寸精度一般为_____、表面粗糙度值为_____。

3. 牛头刨床的主运动是_____，横向进给运动是_____，垂直进给运动是_____。

*4. 牛头刨床由_____机械将电动机的旋转运动变为滑枕的_____运动。摇臂齿轮应以_____方向旋转，否则_____。

*5. 牛头刨床滑枕的冲程量是通过_____调整，滑枕的起始位置是通过_____调整。

6. 牛头刨床主要夹具有_____和_____等。

7. 刨削的工艺特点是_____。

*三、指出下列零件在刨削加工中不合理的结构部分，并予以改正。

序号	工艺性差的结构	改进后的结构	改正理由
1			
2			
3			
4			
5			

四、刨削小型工件的平面时，用什么工装装夹？按怎样的加工顺序进行加工？

签名		批阅日期		年 月 日

四、磨削实训报告

填交日期： 年 月 日

专业及班级		学号		姓名		成绩	

一、按编号将图示 M1432A 万能外圆磨床各组成部分的名称及作用填入下表。

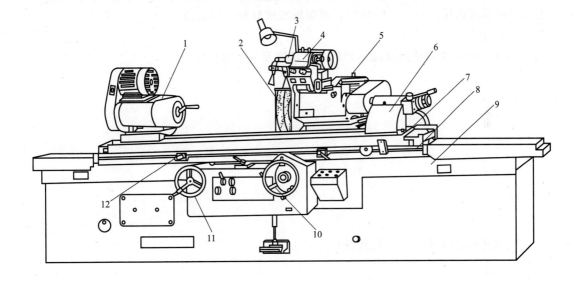

序号	名　　称	作　　用
1		
2		
3		
4		
5		
6		
9		

二、填空。

1. 你操作的平面磨床的名称是＿＿＿＿＿＿＿＿＿＿，型号是＿＿＿＿＿＿，其主要组成

部分有_____

_____。

2. 砂轮的特性由_____、_____、_____、_____和_____等组成。

3. 磨削加工的应用很广，可进行内外圆柱面_____、_____、_____齿轮以及花键磨削与刀具刃磨磨削等加工。

4. 平面磨削时，砂轮因在高速下工作，对于_____、_____等材料制成的工件采用_____安装，对于由_____、_____、_____和_____等非导磁材料制成的工件采用_____安装。

5. 砂轮的硬度是指_____，磨削较硬材料应选用_____的砂轮，磨削较软的材料，应选用_____的砂轮。

三、问答题。

1. 简述磨削加工的特点及能达到的加工精度及表面粗糙度。

*2. 简述砂轮的平衡、安装及修整的方法。

3. 磨床为什么要采用液压传动？磨床工作台的往复运动如何实现？

4. 磨削外圆与平面的方法有哪些？各有何特点。

　*四、图示为一轴类零件的外圆面磨削，试选择合理的磨削方式、装夹方法，根据要求选择砂轮磨料、粒度、粘合剂、组织号、硬度及几何形状（已知材料为 45 钢，淬火 40 ~ 45HRC）。

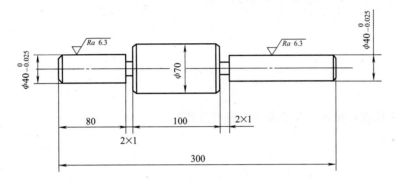

五、钳工实训报告

1. 钳工实训报告（一）

填交日期：　　年　月　日

专业及班级		学号		姓名		成绩	

一、简要回答以下问题。

1. 什么是钳工？钳工的工艺特点是什么？

2. 钳工工作在机械制造及维修中有哪些作用？

3. 什么是划线？其作用是什么？

4. 选择划线基准应遵循哪些原则？

5. 划线操作时应注意哪些问题？

二、说明常用划线工具的名称、用途及使用方法。

三、以实训操作件（锤子）为例，说明划线的步骤。

签名		批阅日期		年	月	日

2. 钳工实训报告（二）

填交日期：　　年　月　日

专业及班级		学号		姓名		成绩	

一、填空。

1. 锯削是 _____ 的操作，锉削是
_____ 的操作。

2. 手锯由 _____、_____ 两部分组成；锉刀由 _____、_____ 两部分组成。

3. 锯条的锯齿按齿距大小不同可分为 _____、_____、_____ 三种，锯削软材料或厚工件时，宜选用 _____ 锯条；锯削硬材料或薄工件时，宜选用 _____ 锯条。

4. 锉刀按齿纹密度不同，可分为如下五种：_____、_____、_____、_____ 和 _____。齿纹齿距越小，加工质量越 _____，加工效率越 _____。通常，粗加工选用 _____ 齿锉刀，加工材料不同时，选用锉刀也有所不同，加工硬度较低的非铁金属（如铜、铝等）时，常选用 _____ 齿锉刀；加工钢、铸铁等材料时，多选用 _____ 齿锉刀。

5. 安装锯条时，应使锯齿向 _____。装夹工件时被锯切的工件应夹持在虎钳 _____ 的边。起锯时，起锯角度应 _____。正常锯切速度一般为每分钟往返 _____ 次。

6. 锉削平面可采用交叉锉法、顺向锉法或推锉法。交叉锉法一般用于 _____；顺向锉法多用于 _____；推锉法多用于 _____。

7. 平面锉削后，常用 _____ 方法，检查其平直度及直角要求。

二、说明实训操作件（锤子）锯削过程中选用的锯条及锯条安装、工件装夹时的注意事项。

三、说明实训操作件（锤子）锉削过程中选择的锉刀、锉削方法及所用的检验器具名称与检验方法。

四、简要说明锉削操作注意事项。

签名		批阅日期		年　　月　　日

3. 钳工实训报告（三）

填交日期：　　　年　月　日

专业及班级		学号		姓名		成绩	

一、什么是攻螺纹？什么是套螺纹？

二、丝锥由哪几个部分构成？其工作部分中的切削部分和校准部分各起什么作用？它们的几何形状有何差异？

三、丝锥通常由二支或三支组成一套，一套中的每一支丝锥的结构有哪些不同之处？

四、板牙由哪几部分构成？各起什么作用？

五、攻螺纹和套螺纹操作中，分别应注意哪些问题？

六、填空。

1. 攻螺纹前需要钻孔（底孔），该孔直径要_____螺纹的小径。通常，对于韧性材料（如钢等），选用直径 $d_0 = $ _____的钻头来钻底孔；对于脆性材料（如铸铁等），则选用直径 $d_0 = $ _____的钻头来钻底孔。

2. 套螺纹前圆杆直径通常可取为 $d_0 = $ _____。

3. 攻螺纹前，底孔孔口要倒角，倒角尺寸一般为_____。

4. 套螺纹前，圆杆端部必须倒角，该角度通常为_____。

签名		批阅日期		年 月 日

4. 钳工实训报告（四）

填交日期：　　年　月　日

班级		学号		姓名		成绩	

报告内容:锤子加工工艺

零件图		毛坯种类和材料

加 工 步 骤

序号	加工内容	操作步骤	设备,工、刀具

签名		批阅日期		年　月　日

*5. 钳工实训报告（五）

填交日期：　　年　月　日

班级		学号		姓名		成绩	

报告内容：六角螺母加工工艺

<table>
<tr><td rowspan="3">零件图</td><td colspan="2">毛坯种类和材料</td></tr>
<tr><td colspan="2"></td></tr>
</table>

零件图

30°
60°
10±0.2
M12
(21.9)
19

加 工 步 骤

序号	加工内容	工 艺 简 图	备　注

签名		批阅日期		年　月　日

6. 钳工实训报告（六）

填交日期： 年 月 日

班级		学号		姓名		成绩	

报告内容:异型扳手加工工艺

		毛坯种类和材料
零件图		

加工步骤

序号	加工内容	工艺简图	备注
签名		批阅日期	年 月 日

六、装配实训报告

1. 装配实训报告（一）

填交日期： 年 月 日

专业及班级		学号		姓名		成绩	

一、画出减速器组件装配单元系统图。

二、说明达到装配精度的四大类工艺方法（又可称为装配的类型、装配方法）即互换法、选配法、修配法、调整法各自的特点与应用范围。

三、试述零件连接的种类。

签名		批阅日期			年 月 日

2. 装配实训报告（二）

填交日期： 年 月 日

班级		学号		姓名		成绩	

报告内容:装配基础知识
1. 钳工基本操作技能
2. 所用设备及工具
3. 简述机修钳工基本知识
4. 拆卸及装配的基本知识
5. 安全操作规程及注意事项

签名		批阅日期		年	月	日

3. 装配实训报告（三）

填交日期： 年 月 日

班级		学号		姓名		成绩	

报告内容:减速器拆卸

1. 减速器拆卸所用工具。

2. 简述减速器拆卸的过程。

3. 简述拆卸过程中的注意事项。

4. 减速器拆卸工作小结。

签名		批阅日期		年	月	日

4.装配实训报告（四）

填交日期： 年 月 日

班级		学号		姓名		成绩	
报告内容:减速器拆装							

1. 列出减速器内各种传动机构的组成。

2. 列出减速器各轴上所用的轴向和周向固定。

3. 分析减速器轴与电动机的连接方式。

4. 小结。

签名		批阅日期		年	月	日

5. 装配实训报告（五）

填交日期： 年 月 日

班级		学号		姓名		成绩	

报告内容:减速器装配

1. 装配步骤。

2. 在装配过程中的注意事项。

3. 小结。

签名		批阅日期		年	月	日

*6. 装配实训报告（六）

填交日期：　年　月　日

班级		学号		姓名		成绩	

报告内容:减速器检测

1. 检测所用工具。

2. 检测精度项目。

3. 各检测项目检测方法。

4. 各检测项目检测结果。

签名		批阅日期		年	月	日

7. 装配实训报告（七）

填交日期：　　年　月　日

班级		学号		姓名		成绩	

报告内容:减速器装配总结

1. 拆卸前准备工作。

2. 拆卸中注意事项。

3. 拆卸后如何整理。

4. 装配前准备工作。

5. 装配中注意事项。

6. 检测中注意事项。

签名		批阅日期		年	月	日

七、铸造实训报告

1. 铸造实训报告（一）

填交日期：   年   月   日

专业及班级		学号		姓名		成绩	

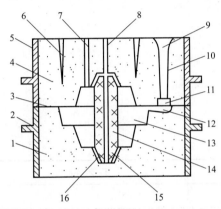

一、将下列铸型装配图所指各部位名称及其作用填入下表。

序号	名称	作 用	序号	名称	作 用
1			9		
2			10		
3			11		
4			12		
5			13		
6			14		
7			15		
8			16		

二、填空。

1. 型砂应具备 _____ 、 _____ 、 _____ 、 _____ 、 _____ 和 _____ 等基本性能，它主要由 _____ 、 _____ 、 _____ 和 _____ 等所组成。

2. 整模造型的基本过程是 _____ 、 _____ 、 _____ 、 _____ 和 _____ 。

3. 分模造型的基本过程是 _____ 、 _____ 、 _____ 、

_____和_____。

4. 挖砂造型的基本过程是_____、_____和

_____。

*5. 活块造型的基本过程是_____、_____和_____。

*6. 机器造型是利用造型机将造型过程中的两项最主要的操作_____和_____实现机械化的造型方法。

三、问答题。

1. 以工艺过程示意图表示出砂型铸造从零件图到铸件的主要工艺过程。

2. 简述铸造过程中的安全技术。

四、填写下列表格内容。

序号	手工造型方法	工 艺 特 点	适 用 范 围
1	整模造型		
2	分模造型		
3	挖砂造型		
*4	活块造型		
*5	刮板造型		
*6	三箱造型		
签 名		批阅日期	年 月 日

2. 铸造实训报告（二）

填交日期： 年 月 日

专业及班级		学号		姓名		成绩	

一、下面是压盖的零件、模样图和铸件图。

1. 确定模样的结构和尺寸，应考虑＿＿＿＿＿＿＿＿、＿＿＿＿＿＿、＿＿＿＿＿＿、
＿＿＿＿＿＿和＿＿＿＿＿＿。在下型芯处应制出＿＿＿＿＿＿＿＿＿＿。

零件图　　　　模样图　　　　铸件图

2. 试分析零件与铸件有什么差别？模样与零件有什么差别？

二、填空。

*1. 浇注系统的作用是＿＿＿＿＿＿＿＿＿＿＿＿＿＿＿＿＿＿＿＿＿＿＿＿。典型浇注系统由＿＿＿＿＿＿＿＿、＿＿＿＿＿＿＿＿、＿＿＿＿＿＿＿＿、＿＿＿＿＿＿和＿＿＿＿＿＿＿＿组成。冒口的作用是＿＿＿＿＿＿＿＿＿＿＿＿、＿＿＿＿＿＿和＿＿＿＿＿＿。

2. 铸造方法一般为＿＿＿＿＿＿和＿＿＿＿＿＿，其中特种铸造有＿＿＿＿＿＿、
＿＿＿＿＿＿、＿＿＿＿＿＿、＿＿＿＿＿＿、＿＿＿＿＿＿和
＿＿＿＿＿＿。其中常用特种铸造有＿＿＿＿＿＿、＿＿＿＿＿＿和＿＿＿＿。

3. 常见铸件的缺陷有＿＿＿＿＿＿、＿＿＿＿＿＿、＿＿＿＿＿＿、＿＿＿＿＿＿、
＿＿＿＿＿＿、＿＿＿＿＿＿和＿＿＿＿＿＿。

4. 气孔的特征是＿＿＿＿＿＿＿＿＿＿＿＿＿＿＿＿＿＿＿＿＿＿＿＿＿＿

　　缩孔的特征是＿＿＿＿＿＿＿＿＿＿＿＿＿＿＿＿＿＿＿＿＿＿＿＿＿＿

　　粘砂的特征是＿＿＿＿＿＿＿＿＿＿＿＿＿＿＿＿＿＿＿＿＿＿＿＿＿＿

　　裂纹的特征是＿＿＿＿＿＿＿＿＿＿＿＿＿＿＿＿＿＿＿＿＿＿＿＿＿＿

　　冷隔的特征是＿＿＿＿＿＿＿＿＿＿＿＿＿＿＿＿＿＿＿＿＿＿＿＿＿＿

三、问答题。

*1. 简述型芯的作用、结构及制造方法。

2. 简述铸件上产生气孔、缩孔、粘砂、砂眼、冷隔、裂纹的主要原因。

四、填写下列表格内容。

序号	铸造方法	工 艺 特 点	适 用 范 围
1	砂型铸造		
2	金属型铸造		
3	压力铸造		
4	熔模铸造		
5	离心铸造		

* 五、指出下列砂型铸造铸件结构的不合理部分，并予以指正。

序号	工艺性差的结构	改正后的结构	改正理由
1			
#2			
3			
4			

（续）

序号	工艺性差的结构	改正后的结构	改正理由
5			
签名		批阅日期	年　月　日

八、锻压实训报告

1. 锻压实训报告（一）

填交日期：　　年　月　日

专业及班级		学号		姓名		成绩	

一、填空。

1. 锻压是在_____作用下，使金属材料产生_____变形，从而获得具有一定____
____和_____的毛坯或零件的加工方法。通过压力加工能消除锭料的_____、
等铸造缺陷，并能获得_____结晶的组织，所以锻件的力学性能高于同材质的_____
__件。

2. 锻压所用的金属材料，应具有良好的_____性。金属材料中，_____、_____
__和_____可以锻压，_____的塑性很差，不能锻压。

3. 金属坯料锻造前应进行加热，以提高其_____，降低_____，使其_____
提高。

4. 常用的加热设备有_____和_____等。

5. 机器自由锻应用的_____是生产小型锻件的通用设备。

6. 自由锻的基本工序有_____、_____、_____、_____、_____
____和_____等。其中_____、_____和_____应用最多。

7. 常用的锻件冷却方法有_____、_____和_____等。对于低、中碳钢及合金
结构钢的小型锻件，锻后采用_____冷；对于形状简单的小型合金工具钢锻件，锻后采用
_____冷；对于形状较复杂的高合金钢锻件，锻后采用_____冷。

8. 镦粗是使坯料_____减小，_____增大的工序，常用于_____类锻件，如__
____、_____和_____等；拔长是使坯料_____减小，_____增大的工序，常用
于_____的锻件，如_____、_____、_____和_____等。

9. 冲孔是指在锻件上锻出_____或_____的工序。冲孔的方法按冲子的形状不同
可分为_____冲孔和_____冲孔。

10. 中碳钢的始锻温度是_____，终锻温度是_____，锻造温度范围是_____。

二、问答题。

1. 镦粗的方法有哪几种？镦粗时应遵守哪些操作规则？

2. 拔长应遵守哪些操作规则？

3. 冲孔时应遵守哪些操作规则？

4. 简述锻压安全技术。

三、根据图示空气锤外形结构及工作原理示意图说明：①空气锤的结构及各部分的组成和作用；②空气锤的工作原理和基本动作。

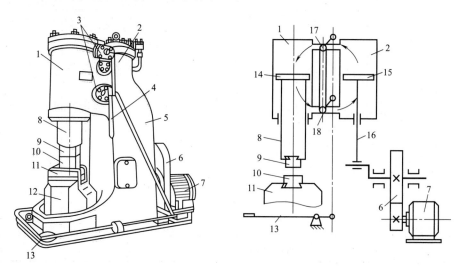

四、将你实习操作的锻件锻造工艺过程填入下表。

锻件名称		锻 件 图		
材料				
锻件质量/kg				
坯料质量/kg				
锻件质量/坯料质量				
坯料规格				
冷却方式				
序号	温度/℃	工序名称	操作步骤及注意事项	设备与工具
签名		批阅日期		年　月　日

2．锻压实训报告（二）

填交日期：　　　年　月　日

专业及班级		学号		姓名		成绩	

一、填空。

1．常用的锻造可分为_____、_____和_____三种。

2．锻件_____对锻造方法的选择有决定性的影响，_____的锻件可采用自由锻工艺生产，_____的锻件只能采用模锻或胎模锻工艺生产。

﹡3．_____锻对锻件尺寸大小的适应性很强，而且是大型锻件_____的锻造方法；模锻只能生产_____型锻件。

4．单件小批生产采用_____，中小批量生产可采用_____，大量生产应采用_____。

5．胎模锻是在_____设备上使用_____生产锻件的方法。

﹡6．模锻是将金属坯料放在由_____组成的模膛内，在锻造设备的_____作用下，使之_____而充满整个模膛，从而获得与模膛形状_____的锻件的锻造工艺。

﹡7．模锻按其所使用的设备不同，可分为_____模锻和_____模锻。_____模锻是目前应用最广泛的模锻工种。

二、问答题。

1．简述胎模锻造的特点以及胎模锻与模锻的区别。

2．简述胎模的应用。

﹡3．模锻的工作原理与自由锻相比较有何主要区别？

4．简述自由锻锻件常见缺陷及其产生原因。

*三、指出下列自由锻锻件结构的不合理部位，并予以改正。

序号	工艺性差的结构	改正后的结构	改正理由
1			
2			
3			
4			
签名		批阅日期	年　月　日

3. 锻压实训报告（三）

填交日期：　　　年　月　日

专业及班级		学号		姓名		成绩	

一、根据图示开式双柱压力机及其运动简图说明：①压力机的结构；②压力机的主要参数。

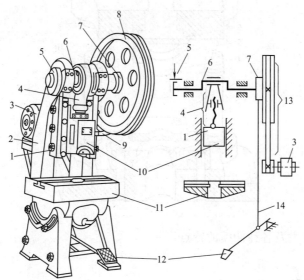

*二、根据图示剪床结构及剪切示意图说明：①剪床的结构；②剪床的主要参数。

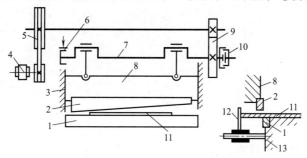

三、填空。

1. 板料冲压是用_____设备，通过模具对金属板料_____，使之产生_____或_____，从而获得_____的零件或毛坯的生产方法。

2. 冲压所用的材料必须具有_____，冲压常用的材料有_____、_____和_____的板料。

3. 板料冲压在_____温下进行，所以又称为_____冲压。

4. 冲压的基本工序一般可分为：_____、_____、_____和_____四大类。

5. 切断是使板料_____的工序，一般在_____上进行。

6. 冲孔和落料统称为_____工序，都是使板料_____的工序，一般在

_____进行。在冲孔工艺中，_____是废品，_____是成品；在落料工艺中，_____是成品，而_____是废料。

7. 拉深是_____的工序。

8. 弯曲是_____的工序。

四、说明图示简单冲模的结构及其工作过程。

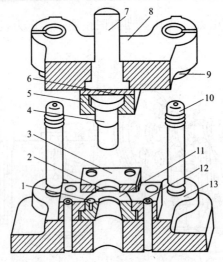

五、问答题。

1. 简述冲模的分类及各种冲模的特点。

2. 简述冲压生产的安全技术。

签　名		批阅日期		年　月　日

九、焊接实训报告

1. 焊接实训报告（一）

填交日期： 年 月 日

专业及班级		学号		姓名		成绩	

一、填空。

1. 电弧是_____现象。

2. 焊接广泛应用于制造_____，如_____

_____。

3. 焊条电弧焊以_____来作为熔化母材和焊条的_____。它所需设备_____，操作_____，能在任何空间和场合进行焊接，焊缝的_____和_____也不受限制，因而应用最广。

4. 交流焊条电弧焊机的空载电压是_____，工作电压是_____。

5. 电焊条药皮由_____配成，它起_____和_____作用，使焊缝金属_____并补充_____。

*6. 采用直流电焊机焊接较薄的工作时应采用_____接法，焊接较厚的工件时应采用_____接法。当工件接_____极，焊条接_____极时叫正接，当工件接_____极，焊条接_____极时叫反接。

7. 焊接工艺参数主要是指_____、_____、_____、_____和_____。

8. 常见焊接缺陷有_____、_____、_____、_____、_____和_____。

9. 焊条的选用原则_____，_____和_____。

*10. 直流电焊机一般分为_____和_____。

11. 气焊与电弧焊相比，气焊火焰的温度_____、_____、_____和_____，但气焊操作简单、_____、_____、_____和_____。

12. 气焊丝一般是_____作为填充金属通常选择焊丝_____。

13. 气割与气焊在本质上不同，气焊是_____，气割是_____。

14. 氧气切割过程可分为三个阶段：①_____，②_____，③_____。

15. 氧气切割对材料的要求是：①_____，②_____，③_____。宜于氧气切割的材料有_____、_____、_____和_____等。

二、在下表中填出钢板对接平焊步骤。

序 号	工 序 名 称	工 序 简 图	操 作 要 点

签名		批阅日期		年　月　日

2. 焊接实训报告（二）

填交日期： 年 月 日

专业及班级		学号		姓名		成绩	

一、按编号将气焊工作系统图中各种装置的名称及用途填入下表。

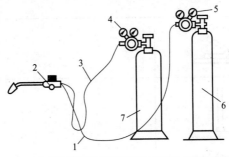

序号	名　　称	用　　途
1		
2		
3		
4		
5		
6		

二、填空。

1. 埋弧自动焊是_____方法。

2. 二氧化碳气体保护焊是_____方法，焊接时，焊丝末端，电弧及熔池均被_____包围，可防止_____。

3. 电阻焊是利用电流通过焊件的接触面时产生的_____作为热源，使焊件局部____加热，使之达到_____状态或局部熔化状态，并加压而实现连接的一种_____方法。

4. 气焊火焰有_____、_____和_____。

5. 氧气切割的原理是_____。

*三、分析下表中焊条电弧焊焊件的结构工艺性，将不合理处加以改进，并说明改进理由。

序号	工艺性差的结构	改正后的结构	改正理由
1			

（续）

序号	工艺性差的结构	改正后的结构	改正理由
2			
3			
4			
5			
6			
7			
8			
9			
10			

四、将埋弧自动焊、CO_2 气体保护焊、电阻焊及钎焊的特点和应用填入下表。

	特　　点	应　用
埋弧自动焊		
CO_2气体保护焊		
电阻焊		
钎焊		

签　名		批阅日期		年　月　日

十、热处理实训报告

1. 热处理实训报告（一）

填交日期：　　年　月　日

专业及班级		学号		姓名		成绩	

一、填空。

1. 钢的分类方法很多，按化学成分可分为 _____ 和 _____；按质量可分为 _____、_____ 和_____；按用途可分为_____、_____ 和_____。

2. 钢的热处理基本过程包括_____、_____ 和_____三个阶段；整个工艺过程中起决定作用的主要工艺因素是_____、_____ 和_____；热处理的实质是_____。

3. 常用的热处理方法有_____、_____、_____、_____和_____等。

4. 正火与退火相比，冷却速度_____，其_____ 和_____比退火高，而_____和_____稍有降低，随_____的增加，这一差别越大。

5. 淬火工艺中_____采用的_____称为淬火介质。常用的淬火介质有_____、_____和_____等。_____的冷却能力较强，形状不复杂的碳钢的淬火多用它作冷却剂，_____的冷却能力较低，合金钢件的淬火常采用它作冷却剂。

6. 根据回火温度不同，回火可分为_____回火、_____回火和_____回火。淬火后，高温回火称为_____，主要适用于_____零件，如_____、_____、_____及_____等。

7. 钢的表面热处理工艺有_____、_____、_____、_____和_____等。

*8. 在热处理中，由于热处理工艺控制不当，会给工件带来_____、_____、_____、_____、_____、_____和_____等缺陷。

*9. 热处理常用的加热设备有_____、_____和_____。某炉子型号为 RX30-9：R 表示_____；X 表示_____；第一组"30"表示_____；第二组数字"9"表示_____。

二、将图示的热处理工艺曲线填上工艺过程，并指出它们各是哪种热处理工艺（工艺名称填在图上）。

三、问答题。

1. 什么叫退火？退火的主要目的是什么？常用的退火工艺有哪几种？简述各种退火工艺的目的与应用。

2. 什么叫正火？正火和退火有何异同点？生产中如何选择？

3. 什么叫淬火？简述其目的与应用。

4. 为什么说冷却速度是淬火工艺的关键？怎样获得不同的冷却速度？

5. 什么叫回火？其目的是什么？简述各种回火工艺的特点和应用。

6. 简述钢铁材料火花鉴定的基本原理。灰铸铁的火花与碳素钢的火花有哪些不同？

*7. 简述你在热处理操作中所用的一种加热炉的型号、大致结构、工作温度范围和操作方法。

签名		批阅日期		年	月	日

2．热处理实训报告（二）

填交日期：　　年　月　日

班级		学号		姓名		成绩	
报告内容:小轴的热处理							
热处理零件名称		小轴		热处理零件材料		45 钢	
热处理要求		48~52HRC		热处理方法		淬火+高温回火	
实　习　数　据							
1.热处理设备				2.淬火介质			
3.淬火温度				4.回火温度			
零件图		$\phi18$ ⌀18　160　√Ra 1.6					
热处理工艺曲线							
采用高温回火的理由							
热处理操作工艺探讨							
签名		批阅日期			年　　　月　　　日		

3. 热处理实训报告（三）

填交日期：　　年　月　日

班级		学号		姓名		成绩	

报告内容：锻件纤维组织观察

<table>
<tr>
<td rowspan="2">零
件
图</td>
<td>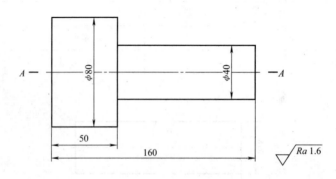</td>
</tr>
<tr>
<td>
1. 45 钢。
2. 将锻件沿轴线 <i>A-A</i> 纵向切开。
3.将试样放到 50% 盐酸和 50%水的腐蚀液中腐蚀；腐蚀液加热到 65~85℃ ,腐蚀时间 30min；腐蚀后经水洗、吹干后观察锻轴的纵向纤维组织。
</td>
</tr>
</table>

实训目的

实训方法

画出锻件的纤维组织

实训分析

1.锻件在哪些方面优于铸造件？为什么？

2.纤维组织的形成对材料有何影响？如何利用？

签名		批阅日期		年　　　月　　　日		

4. 热处理实训报告（四）

填交日期：　　年　月　日

班级		学号		姓名		成绩	

报告内容:金相显微试样的制备

金相试样的尺寸

$\phi 15$

15

$\sqrt{\quad}$ Ra 1.6

1.实训目的

2.金相显微试样的制备过程

3.绘制浸蚀后试样的显微组织

4.小结实训中存在的问题

签名		批阅日期		年	月	日

*5. 热处理实训报告（五）

填交日期： 年 月 日

班级		学号		姓名		成绩	

报告内容:铁碳合金平衡组织的观察

铁碳合金的显微样品：
①工业纯铁； ②45 钢； ③T8 钢； ④T12 钢；
⑤亚共晶白口铸铁； ⑥共晶白口铸铁； ⑦过共晶白口铸铁。

1.实训目的

2.金相显微试样的制备过程

3.绘制浸蚀后试样的显微组织

4.小结实训中存在的问题

签名		批阅日期		年	月	日

6. 热处理实训报告（六）

填交日期：　　　年　月　日

班级		学号		姓名		成绩	

报告内容:45 钢热处理及硬度测定

45 钢试样 8 件

$\phi 10$　15　$\sqrt{Ra\,1.6}$

热 处 理 工 艺

序号	加热温度 /℃	冷却方法	回火温度 /℃	硬度值			平均	预计组织
1		炉冷						
2		空冷						
3		油冷						
4	860	水冷						
5		水冷						
6		水冷						
7		水冷						
8	750	水冷						

1.实验目的

2.(1)将测量的硬度值填入上表(每个试样打三点)。

　(2)分析 45 钢 750℃水淬与 45 钢 860℃油淬的硬度区别,若 45 钢淬火后硬度不足,是加热温度不足,还是冷却速度不够?

签名		批阅日期			年	月	日

*7. 热处理实训报告（七）

填交日期： 年 月 日

班级		学号		姓名		成绩	

报告内容:碳钢热处理后组织观察

45 钢试样 5 件　　T12 钢试样 3 件

序号	钢号	热处理工艺	显微组织
1	45	860℃ 正火（空冷）	S+F
2	45	860℃ 油冷	M+T
3	45	860℃ 水冷	M
4	45	860℃ 水冷 600℃ 回火	$S_{回}$
5	45	750℃ 水冷	M+F
6	T12	780℃ 球化退火	P（粒）
7	T12	780℃ 水冷 200℃ 回火	$M_{回}+Fe_3C_{II}$（粒）
8	T12	1100℃ 水冷 200℃ 回火	粗大针状 $M_{回}+Ar$

1.实训目的

2.分析实训结果

　（1）不同冷却速度对钢性能的影响。

　（2）回火温度对淬火钢性能的影响。

　（3）T12 钢 780℃ 水淬 200℃ 回火，与 T12 钢 1100℃ 水淬 200℃ 回火的组织区别及性能区别。

　（4）简述过共桥钢的淬火温度的选择。

签名		批阅日期		年	月	日

十一、数控实训报告

1. 数控实训报告（一）

填交日期：　　年　月　日

班级		学号		姓名		成绩	
报告内容：阶梯轴数控加工工艺							

零件图		工艺说明	1. 毛坯种类和材料
			2. 安装方法
			3. 机床型号
			4. 系统类型

序号	加　工　程　序	刀具	操作说明

签名		批阅日期		年	月	日

2. 数控实训报告（二）

填交日期： 年 月 日

班级		学号		姓名		成绩	

报告内容：螺纹轴数控加工工艺

零件图		工艺说明	1. 毛坯种类和材料
			2. 安装方法
			3. 机床型号
			4. 系统类型

序号	加 工 程 序	刀具	操作说明

签名		批阅日期		年	月	日

3. 数控实训报告（三）

班级		学号		姓名		成绩	

报告内容：圆弧轴数控加工工艺

零件图		工艺说明	1. 毛坯种类和材料
			2. 安装方法
			3. 机床型号
			4. 系统类型

零件图尺寸：110、92、0.5、46、10、(R7)、(R10)、R22、φ51、φ50、φ36、φ20、O_P、Z_P、X_P、Ra 6.3

序号	加　工　程　序	刀具	操作说明

签名		批阅日期		年　　月　　日

*4. 数控实训报告（四）

填交日期：　　年　月　日

班级		学号		姓名		成绩	

报告内容:法兰数控加工工艺

零件图		工艺说明	1. 毛坯种类和材料
			2. 安装方法
			3. 机床型号
			4. 系统类型

序号	加　工　程　序	刀具	操作说明

签名		批阅日期		年	月	日

*5. 数控实训报告（五）

填交日期：　　年　月　日

班级		学号		姓名		成绩	

报告内容:平板类零件数控加工工艺

零件图						工艺说明	1. 毛坯种类和材料
							2. 安装方法
							3. 机床型号
							4. 系统类型

序号	加 工 程 序		刀具	操作说明

签名		批阅日期		年	月	日

6. 数控实训报告（六）

填交日期： 年 月 日

班级		学号		姓名		成绩	

报告内容:数控刻字①

零件图	点划线为加工轨迹	工艺说明	1. 毛坯种类和材料
			2. 安装方法
			3. 机床型号
			4. 系统类型

序号	加　工　程　序	刀具	操作说明

签名		批阅日期		年	月	日

7. 数控实训报告（七）

填交日期：　年　月　日

班级		学号		姓名		成绩	

报告内容：数控刻字②

零件图	点划线为加工轨迹	工艺说明	1. 毛坯种类和材料
			2. 安装方法
			3. 机床型号
			4. 系统类型

序号	加　工　程　序	刀具	操作说明

签名		批阅日期	年　月　日

*8. 数控实训报告（八）

填交日期：　　年　月　日

班级		学号		姓名		成绩	

报告内容:内腔数控加工工艺

零件图	点划线为加工轨迹	工艺说明	1. 毛坯种类和材料
			2. 安装方法
			3. 机床型号
			4. 系统类型

序号	加 工 程 序	刀具	操作说明

签名		批阅日期		年	月	日

十二、特种加工实训报告

1. 特种加工实训报告（一）

填交日期： 年 月 日

班级		学号		姓名		成绩	

报告内容:圆弧板加工工艺

零件图		工艺说明	1. 毛坯种类和材料
			2. 安装方法
			3. 其他

加 工 步 骤			
序号	加工内容	用 ISO 代码手工编程	备注

签名		批阅日期	年 月 日

2. 特种加工实训报告（二）

填交日期： 年 月 日

班级		学号		姓名		成绩	

报告内容:字母加工工艺

零件图		工艺说明	1. 毛坯种类和材料
			2. 安装方法
			3. 其他

加 工 步 骤

序号	加工内容	工 艺 简 图	备注

签名		批阅日期		年	月	日

3. 特种加工实训报告（三）

填交日期：　年　月　日

班级		学号		姓名		成绩	

报告内容：五角星加工工艺

零件图		工艺说明	1. 毛坯种类和材料
			2. 安装方法
			3. 其他

加 工 步 骤

序号	加工内容	工 艺 简 图	备注

签名		批阅日期		年	月	日

4. 特种加工实训报告（四）

填交日期：　年　月　日

班级		学号		姓名		成绩	

报告内容：椭圆的加工工艺

零件图		1. 毛坯种类和材料
	工艺说明	2. 安装方法
		3. 其他

加　工　步　骤

序号	加工内容	工　艺　简　图	备注

签名		批阅日期		年	月	日

*5. 特种加工实训报告（五）

填交日期： 年 月 日

班级		学号		姓名		成绩	

报告内容:繁花类加工工艺

零件图	5×φ8 5×φ14 φ40 φ64	工艺说明	1. 毛坯种类和材料
			2. 安装方法
			3. 其他

加 工 步 骤

序号	加工内容	工 艺 简 图	备注

签名		批阅日期		年	月	日

*6. 特种加工实训报告（六）

填交日期： 年 月 日

班级		学号		姓名		成绩	

报告内容:圆弧加工工艺

零件图		工艺说明	1. 毛坯种类和材料
			2. 安装方法
			3. 其他

加 工 步 骤

序号	加工内容	工 艺 简 图	备注

签名		批阅日期		年	月	日

7. 特种加工实训报告（七）

填交日期： 年 月 日

班级		学号		姓名		成绩	

报告内容：文字加工工艺

零件图		工艺说明	1. 毛坯种类和材料
			2. 安装方法
			3. 其他

加 工 步 骤

序号	加工内容	工 艺 简 图	备注

签名		批阅日期	年	月	日

8. 特种加工实训报告（八）

填交日期：　年　月　日

班级		学号		姓名		成绩	

报告内容：创新设计加工工艺

学生创新设计零件图		工艺说明	1. 毛坯种类和材料
			2. 安装方法
			3. 其他

加 工 步 骤

序号	加工内容	工 艺 简 图	备注

签名		批阅日期		年	月	日

*9．特种加工实训报告（九）

填交日期：　　年　月　日

班级		学号		姓名		成绩	

报告内容：内七角加工工艺

零件图		工艺说明	1．毛坯种类和材料
			2．安装方法
			3．其他

加 工 步 骤

序号	加工内容	工 艺 简 图	备注

签名		批阅日期	年	月	日

*10. 特种加工实训报告（十）

填交日期： 年 月 日

班级		学号		姓名		成绩	

报告内容：圆弧连接加工工艺

零件图		工艺说明	1. 毛坯种类和材料
			2. 安装方法
			3. 其他

加 工 步 骤

序号	加工内容	工 艺 简 图	备注

签名		批阅日期		年	月	日

十三、CAD/CAM 实训报告

#1. CAD/CAM 实训报告（一）

填交日期： 年 月 日

班级		学号		姓名		成绩	

报告内容：喇叭口造型

图形		特征模式	
		上机时间	
		计算机编号	
		图形名称	

绘制过程

签名		批阅日期		年 月 日	

#2. CAD/CAM 实训报告（二）

填交日期：　　年　　月　　日

班级		学号		姓名		成绩	

报告内容：长槽圆孔造型

图 形		特征模式	
		上机时间	
		计算机编号	
		图形名称	

绘　制　过　程

签名		批阅日期		年　　　月　　　日

#3. CAD/CAM 实训报告 （三）

填交日期：　　年　月　日

班级		学号		姓名		成绩	

报告内容:凸出体造型

图形		特征模式	
		上机时间	
		计算机编号	
		图形名称	

绘　制　过　程

签名		批阅日期		年　　　月　　　日

#4. CAD/CAM 实训报告（四）

填交日期： 年 月 日

班级		学号		姓名		成绩	

报告内容：半圆块造型

图 形		特征模式	
		上机时间	
		计算机编号	
		图形名称	

绘 制 过 程

签名		批阅日期		年	月	日

#5. CAD/CAM 实训报告（五）

填交日期：　年　月　日

班级		学号		姓名		成绩	

报告内容：圆盘切口造型

图 形		特征模式	
		上机时间	
		计算机编号	
		图形名称	

绘　制　过　程

签名		批阅日期		年　　　月　　　日

#6. CAD/CAM 实训报告（六）

填交日期：　　年　月　日

班级		学号		姓名		成绩	
报告内容:手柄造型							

<table>
<tr><td rowspan="5">图
形</td><td rowspan="5"></td><td>特征模式</td></tr>
<tr><td>上机时间</td></tr>
<tr><td>计算机编号</td></tr>
<tr><td>图形名称</td></tr>
</table>

绘　制　过　程

签名		批阅日期		年	月	日

#7. CAD/CAM 实训报告（七）

填交日期： 年 月 日

班级		学号		姓名		成绩	

报告内容:保持架造型

图 形		特征模式	
		上机时间	
		计算机编号	
		图形名称	

绘 制 过 程

签名		批阅日期		年	月	日

#8. CAD/CAM 实训报告（八）

填交日期：　年　月　日

班级		学号		姓名		成绩	

报告内容：活塞套造型

图形		特征模式	
		上机时间	
		计算机编号	
		图形名称	

绘 制 过 程

签名		批阅日期		年	月	日

#9. CAD/CAM 实训报告（九）

填交日期：　　年　月　日

班级		学号		姓名		成绩	

报告内容：装配组合

图形	a)　　　b)　　　c)　　　d)　　　e)　　　f)

绘　制　过　程	
	特征模式
	上机时间
	计算机编号
	图形名称

签名		批阅日期		年	月	日

#10. CAD/CAM 实训报告（十）

填交日期：　　年　月　日

班级		学号		姓名		成绩	

报告内容：曲面零件的数控编程及仿真

图 形		特征模式	
		上机时间	
		计算机编号	
		图形名称	
操作步骤及注意事项			
签名		批阅日期	

#十四、3D 打印实训报告

填交日期：　　年　月　日

姓名		院系		班级		组别		成绩	
实习地点				实习时间					

1. 简述什么是 3D 打印。

2. 列举几种不同的 3D 打印技术方法。

3. 简述熔融堆积式 3D 打印成形原理。

4. 写出实习设备名称、型号和基本组成。

（续）

5. 画出成形零件设计、切片、成型简图。

6. 记录成形操作参数

成形件尺寸		成形材料	
打印速度		出料速度	
成形时间		喷头温度	
填充间距		打印层厚	
封面实心层数		外圈实心层数	
支撑形式		支撑角度	

7. 实习小结及体会

签名		批阅日期		年	月	日

十五、综合创新设计与制作实训报告

填交日期：　　年　　月　　日

姓名		院系		班级		组别		成绩	
实习地点				实习时间					

作品题目：

1. 作品方案说明（说明要解决的问题和解决的思路与措施）。

2. 设计作品的新颖性、先进性及创新点。

（续）

3. 作品设计图（可以加页或另附图样）。

（续）

4. 题目实施计划或制作工艺路线。

5. 设计制作结果及个人体会。

参 考 文 献

[1]　宋昭祥，等. 现代制造工程技术实践 ［M］. 2 版. 北京：机械工业出版社，2008.

[2]　胡忠举，等. 现代制造工程技术实践 ［M］. 3 版. 北京：机械工业出版社，2014.

[3]　傅水根. 机械制造工艺基础 ［M］. 3 版. 北京：清华大学出版社，2010.

[4]　刘舜尧，等. 制造工程实践教学指导书 ［M］. 2 版. 长沙：中南大学出版社，2015.

[5]　刘舜尧，等. 制造工程工艺基础 ［M］. 长沙：中南大学出版社，2010.

[6]　梁延德，等. 工程训练教程：机械大类实训分册 ［M］. 2 版. 大连：大连理工大学出版社，2012.

[7]　梁延德，等. 工程训练教程：实训分册 ［M］. 2 版. 大连：大连理工大学出版社，2012.

[8]　何国旗，等. 机械制造工程训练报告 ［M］. 北京：化学工业出版社，2011.

[9]　张木青，等. 机械制造工程训练 ［M］. 2 版. 广州：华南理工大学出版社，2007.

[10]　杨有刚，等. 工程训练基础 ［M］. 北京：清华大学出版社，2012.

[11]　孙涛，等. 工程训练 ［M］. 西安：西安电子科技大学出版社，2015.

[12]　张力重，等. 图解金工实训 ［M］. 3 版. 武汉：华中科技大学出版社，2016.

[13]　马壮，等. 工程训练 ［M］. 北京：机械工业出版社，2009.

[14]　陈培里，等. 工程训练及训练报告 ［M］. 杭州：浙江大学出版社，2009.

[15]　杨树财，等. 工程训练实训报告 ［M］. 北京：机械工业出版社，2012.

[16]　李爱菊，等. 工程材料成形与机械制造基础 ［M］. 北京：机械工业出版社，2012.

[17]　孙康宁 ，等. 工程材料与机械制造基础课程知识体系和能力要求 ［M］. 北京：清华大学出版社，2016.

[18]　陈作炳，等. 工程训练教程 ［M］. 北京：清华大学出版社，2010.

[19]　李舒连，等. 机械制造基础工程训练报告 ［M］. 合肥：合肥工业大学出版社，2008.

[20]　何玉辉，等. 制造工程训练教程 ［M］. 长沙：中南大学出版社，2015.